KB023370

좌청룡 우백호

좌청룡 우백호

초판 발행일 / 2014.3.3.

지은이 / 조광
펴낸곳 / 도서출판 아침
등록 제21-27호(1988.5.31)
주소 서울시 서대문구 북아현동 1-495
전화 326-0683
팩스 326-3937
인쇄 / 프린트시티(02-2285-1009)

ⓒ 조광 2014
ISBN 978-89-7174-056-9 03980

잘못 만들어진 책은 바꿔 드립니다.

지관이 말하다

좌청룡 우백호

조광의 풍수이야기

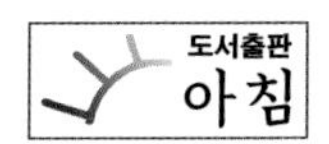

책머리에

지사地師 또는 지관地官이란, 땅의 형세와 지기地氣를 읽음으로써 그 땅에 사는 사람이 살아온 과거를 알아내고 앞으로의 일을 예견하는 풍수가를 일컫는 말이다.

땅을 관할하는 지사라면 사람의 운명까지도 바꾸어 줄 수 있어야 한다. 그런데 그럴 수 있는 지사가 과연 얼마나 될까? 풍수가들 중에는 수맥을 찾는 기계나 나침반 등의 도구를 이용하여 마치 도사인 양 연출을 하기도 하면서 감언이설로 이득을 취하려는 자가 적지 않다.

진정한 지사라면 좋은 터를 잡아준 뒤에도 그 사람의 살아가는 모습을 지켜보며 연구하는 자세를 가져야 한다. 자신의 언행에 끝까지 책임을 져야 하는 것이다.

풍수지리학은 산과 물 그리고 바람의 원리를 사람에게 적용시킨 학문이다. 풍수지리학은 자연을 볼 수 있는 눈과 글을 읽을 수 있는 수준이 된다면 남녀노소 누구나 할 수 있는 학문이다.

나는 열아홉 살에 한 스님과 만나게 되었는데 그 인연으로 풍수지리를 공부하게 되었다. 어릴 때부터 산을 특히 좋아했던 내게 이 일은 그대로 천직天職이 되었고 그 후 지금까지 풍수가로서 외길 인생을 걸어왔다.

공동묘지가 개발된다고 하면 그 곳을 찾아가 시신을 파내어간 자리에서 몇날 며칠씩 잠을 잤다. 그리고 장관이나 스님이 나오는 산소 자리는 어떠한지, 백혈병과 관절염 및 직장암은 시신과 어떤 연결고리가 있는지 등을 연구 조사 통계 분석을 해서 그 원인을 밝혀내려 동분서주했다. 나의 청춘을 온통 묘지와 시신들 사이에서 그렇게 불태웠다. 물론 사람들에게는 미친놈 취급을 받기 일쑤였다.

이 책은 끈기와 인내를 무기로 두발로 뛰며 일구어낸 그 결과물이다. 앞서 펴냈던 졸저들을 다시금 새롭게 정리하여 풍수지리학의 어려운 이론을 모두 피하고 일반인도 알기 쉽게 풍수의 기본적인 개념을 소개하였다.

이른바 지리오결地理五訣이라 하는 용龍 혈穴 사砂 수水 향向 중에서도 핵심이 되는 혈穴과 그 주위를 둘러싼 사사四砂, 즉 청룡 백호 주작 현무를 중심으로 서술하였으며 특히 청룡과 백호를 강조하여 책의 제목으로 삼았다. 되도록 많은 사람들이 청룡과 백호의 개념을 알고 실생활에 도움을 얻기를 바란다.

나를 인정하고 격려해주는 미르지리연구소 회원 여러분과 사랑하는 가족들에게 감사의 마음을 보낸다.

2013년 12월 조광

책머리에

1. 풍수의 원리로 길흉을 말한다

2. 나는 지사地師다

3. 음택 풍수 이야기

4. 양택 풍수 이야기

부록

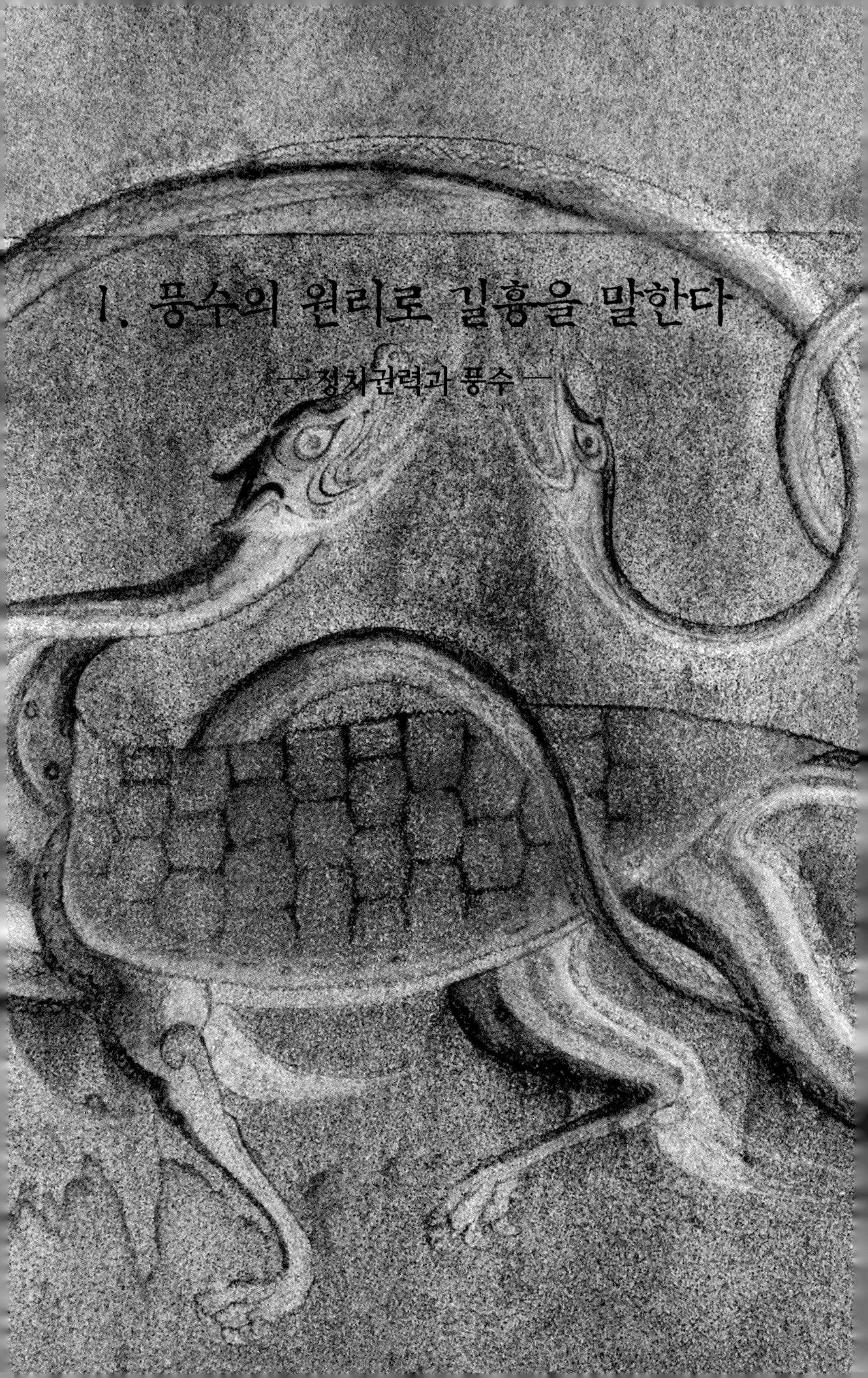

1. 풍수의 원리로 길흉을 말한다

— 정치권력과 풍수 —

전면 그림 : 7세기 강서대묘 사신도四神圖 중 현무玄武 (부분).

평안남도 대안시에 있는 강서대묘 주실主室의 화강암 벽에는 현무 주작 청룡 백호가 그려져 있다. 천 삼백년이 넘게 흘렀지만 고구려인의 당당함과 예술혼이 살아있는 걸작이다. 거북과 뱀이 서로 어우러진 모습.

동북아역사재단에서 「2008년 고구려 고분벽화 컴퓨터 그래픽 2D복원사업」으로 되살린 것이다. 자료를 사용할 수 있도록 해 준 재단에 감사드린다.

청와대

우리나라의 수장이 나라를 돌보는 관저인 청와대는 북악산을 배경으로 서울특별시 종로구에 자리 잡고 있다. 광대한 풍채나 그곳에서 뿜어져 나오는 아름다운 색감이 주는 이미지와는 달리 예로부터 청와대의 주인들은 대통령에 당선된 후 불행한 삶을 살았다. 혁명의 대상이 되어 물러나거나 저격을 당해 사망하기도 하고, 여러 비리에 관련되어 불명예스럽게 물러나거나 자살을 하는 등 대통령들의 불운한 삶이 여전히 끊이지 않고 있다. 그렇다면 풍수지리학적으로 어떤 근거에 의해 과거 이승만 정부부터 현 박근혜 정부까지 명예롭지 못한 일들을 겪는지에 대해 살펴보자.

청와대는 뒤로는 북악산, 앞으로는 남산과 관악산의 정기를 받고 명당수인 청계천이 감아 돌아가고 있다. 상당수의 풍수지리 연구가들은 청와대가 전체적인 입지로만 보면 명당인 것 같아도 사실은 터가 좋지 않다고 지적해 왔다. 청와대의 본건물이 기를 받는 산으로부터 맥이 연결되지 않아 진혈지眞穴地라 할 수 없고, 위치 또한 풍수에서 피하는 자리인 골짜기와 연결되어 있기 때문이다. 이는 좌청룡이 여의주를 물고 똬리를 트는 모습이 아니라 밖으로 빠져 나가려는 모습을 갖고 있다. 즉, 청와대는 산의 지기地氣가 결집된 곳에 열매가 맺히는 혈자리가 아니라는 뜻이다. 그래서 청와대 주인은 국민들의 덕망, 신뢰 등을 얻지 못하고 잃어버리는 삶을 사는 것이다.

청와대 뒤쪽에 자리한 북악산은 풍수지리학적으로 목성木星이라 불리며 권력을 상징한다. 그러나 광화문에서 바라보면 북악산이 동쪽을 보고 있어 청와대를 등지고 있는 모습을 확인할 수 있다. 이러한 이유로 청와대의 주인은 한 나라의 수장으로서 감내해야하는 외로움을 느끼거나, 독불장군 혹은 고집불통인 경향이 나타날 수 있다. 이처럼 자연환경으로 봤을 때 청와대는 살煞을 피하기가 쉽지 않다.

그렇다고 해서 수도인 서울 안에 위치를 옮길만한 명당이 존재하는 것도 아니고, 옮기는 것도 어려운 일인 만큼 '액막이'를 통해 재난 질병 불행 등을 야기하는 좋지 않은 기운을 막아야한다. 이를 풍수지리에서는 '비보裨補'라 한다. 풍수적 비보로는 규모가 큰 연못을 만들거나 대나무를 심는 것이 그것이다. 하지만 청와대는 현실적으로 이런 인테리어를 할 만한 충분한 공간을 찾기 어렵고 시야를 방해하는 나무를 심는 것도 좋지 않은 일로 여겨진다.

아직까지 청와대측은 1990년에 청와대 안 공사장에서 발견한 '천하제일복지天下第一福地'라는 표석에 의존하여 이곳의 터가 풍수지리학상 명당이라는 입장을 취하고 있다. 그러나 역사상 격동기인 한국 근현대사의 불운한 일은 늘 청와대 주인에게서 나타났다. 풍요롭고 발전된 나라와 함께 임기가 끝난 후에 명예로운 삶을 맞이하는 대통령이 탄생할 수 있도록 풍수지리학적인 조치도 다하기 위해 노력해야 할 것이다.

국회의사당

여의도 서쪽에 위치한 국회의사당은 점잖은 양반들이 국정을 논의하는 장소라기 보단 집단 싸움이나 욕설이 오가는 격투기장과 다를 바 없다. 연일 뉴스에서는 그런 모습의 국회의원들이 나오고 국민들은 그들을 조롱하기 바쁘다. 신기하게도 평범한 사람들 또한 국회의사당에 들어가면 몸싸움을 벌이고 무기를 드는 등 포악스럽게 변하기도 한다. 이러한 이유가 단순히 자신의 이권을 위해 갑작스레 변화 된 행위일까?

먼저 국회의사당의 주위환경과 외관을 살펴보자. 63빌딩을 바라보는 의사당의 정문은 정남향에 가까운 해좌사향亥坐巳向 즉, 북서를 등지고 앉은 형국에 가깝다. 또한 노량진 쪽에서 흘러오던 한강 물은 국회의사당 좌측에 이르러 밤섬과 부딪치면서 양쪽으로 갈라지게 된다. 이로 인해 물길이 좁아지며 물은 급류로 변하게 되고 이 빠른 물살이 국회의사당 왼쪽으로 빠지며 북쪽의 여의도 샛강과 합류한다. 풍수지리학에선 한강과 샛강이 다시 만나는 것을 좋지 않은 모양새라 판단한다. 물이 갈라지면 의견이 분열되고 다시 만날 때엔 서로 부딪히게 되는데, 의원들의 의견이 통일되지 않는 것은 이 때문이다.

풍수에서 터를 정할 때 기본 상식은 '배산임수'이다. 뒤편으로는 큰 산이 받쳐주고 앞으로는 물이 흘러야한다는 소리이다. 이 원리에 따르면 물이 건물의 앞으로 흘러야 길하게 되는 것인데 국회의사당은 물이 뒤편으로 흘러 빠져나가는 곳에 위치한다. 그러므로 자연히 뒷돈 거래가 많고 이것이 비리로 이어지는 것을 볼 수 있다. 또한 국회의사당은 뒤를 받쳐주는 산이 없어 큰 인물이나 정치인이 거처할 곳이 아닌 형국이다.

다음으로 국회의사당 자체의 건물 생김새를 보자. 먼저, 둥근 돔 지붕은 한 눈에 보아도 원圓을 그리고 있다. 원이란 풍수지리학에서 하늘을 뜻한다. 반면 본관의 건물은 직사각형으로 각角은 땅을 뜻한다. 하늘과 땅의 기운을 뜻하는 양(하늘, 남자, 지붕, 정신, 학문)과 음(땅, 여자, 건물, 육체, 재물)이 조화를 이루어 우주 만물을 운행하는데 양이 강하면 음이 약하고, 음이 성하면 양이 다친다 할 수 있다. 그런데 국회의사당의 지붕에 해당하는 돔은 본관 건물에 비교하면 굉장히 왜소하여 이것은 음이 양을 거스르는 형국이라 할 수 있다. 또한 지붕의 재질은 오행 중에서도 쇠에 속하는 성질을 갖고 있고 반대로 국회의사당이 위치한 여의도에 영향을 미치는 관악산은 불기운을 갖고 있는 산이므로 이 기운에 의해 쇠가 녹아내리는 형국을 갖고 있다. 이것은 상생이 아닌 상극의 모습이라 할 수 있다.

이러한 근거에 의하여 국회의사당에서 회의를 하는 의원들은 서로 합일되지 못하고 싸울 수밖에 없는 형국을 하고 있다.

대통령 후보들의 음택

개인의 운명이 작은 파장을 만들어내는 반면 공적인 일을 수행하는 사람의 운명은 보다 많은 대상에게 그 파급 효과를 가져다준다. 우리나라 역사를 짊어진 인물 중에서 가장 영향력이 컸던 대통령 가문의 묘 터를 풍수 지리적으로 살펴보자.

대통령 중 집권기간이 길었고 그 평가도 양분되어 있는 박정희 대통령 묘는 서울 동작동 국립묘지에 있다. 국립묘지는 한국전쟁이 끝나고 전쟁 중에 전몰한 수많은 장병들을 안장할 곳이 없어 이승만 대통령이 직접 현지를 돌아 본 후 조성한 곳이다.

좋지 않은 죽음을 맞이하는 것을 두고 골로 간다는 말이 있다. 그런데 박정희(1917-1979) 대통령의 음택이 보여주는 풍수로서의 자리는 골이다. 풍수에서의 골은 골짜기란 뜻으로 산과 산의 협곡이나 완전히 움푹 파인 곳만을 골로 보지는 않는다. 당연히 음택의 가장 기본인 혈을 차지하지 못한 것이다. 묘의 후면이 움푹 들어간 골에 두 분의 묘가 있다는 것이 참으로 안타까울 뿐이다.

비명에 간 사람이나 요절한 사람, 결혼을 두 번 한 사람, 자식을 먼저 앞세운 사람 등은 절대로 바른 혈 자리를 차지하지 못한다. 그럼에도 박정희 대통령이 권력을 누릴 수 있었던 것은 부친의 묘가 명당이기 때문이다.

박 대통령 부친 박성빈朴成彬 묘는 좌청룡이 힘차게 뻗어 있고 강해서 권력과 명예를 얻는다. 우백호는 청룡보다는 조금 약해 얻은 것을 베푸는 형세이다. 아쉬운 점은 주작朱雀이 들면 맞아 죽는 자손이 난다고 했는데 이곳도 그러한 형상을 하고 있어서인지 결국은 박 대통령이 총상으로 유명을 달리했다. 살아생전 박 대통령은 풍수를 무척이나 신봉했었다. 부하 직원을 채용 할 때 유명한 풍수가를 불러서 물어보고 뽑기도 하는 것은 물론이거니와 국가의 요직에 승진하는 사람들은 그 조상의 묘소까지 출장 감정을 보내와 보고 받기도 했었다고 한다.

이와는 반대되는 운세를 보여주는 음택이 노태우 대통령의 선산이다. 이곳은 우백호가 좌청룡보다 월등히 강했다. 이럴 경우는 자손이 인색하며 사내다운 기개가 없다. 또한 좌청룡이 약해서 자신의 능력보다는 남의 도움을 받거나 대인 관계를 나타내는 안산의 힘을 많이 받고 있는 것이다. 그런데 안산이 뒤로 돌아 앉아 배역背逆을 하고 있다. 그러므로 인색하고 믿음을 주지 못한다는 세인들의 평을 받을 수 있다. 그의 주변 사람들이 그의 곁에서 충성을 하거나 오래 머물면서 도움을 주기에는 미흡하고 오히려 있던 자리마저 떠나는 형세이다.

전두환 대통령의 부인인 이순자 여사가 세간에 필리핀의 이멜다라 했지만 산으로만 보았을 때는 부부간에 순서를 지킬 줄 아는 내조형인 반면 노태우 대통령의 부인인 김옥숙 여사는 남편보다는 앞서서 일을 독단으로 처리하고 남편을 별로 인정치 않으며 집에서는 여성의 힘이 더 크게 작용하는 모습이다.

전두환 대통령은 기개와 명예를 보여주는 좌청룡이 강한 편에 속하며 우백호도 아주 좋아서 권력과 부를 함께 쥐는 운세였다. 노 대통령과 다른 점은 명예와 권력을 말해주는 좌청룡이 우백호보다 강해서 베푸는 모습을 보여주었고 안산이 배역하지 않아 그를 따르거나 도와주는 사람이 그의 주변에 남아있겠지만 전반적으로 산세가 출렁거려서 곤란함을 면치 못할 것이다.

1992년도 김대중, 김영삼, 김종필 세 사람이 대통령 선거에서 각축전을 벌였을 때 나는 무조건 김영삼 씨가 된다고 했다. 김영삼 씨와 김대중 씨의 선대 묘소를 비교해 보면 확연하게 드러나기 때문이다. 전남 신안군 하의도에 있는 김대중 씨 선산의 경우는 정치보다는 장사를 했으면 거부가 될 수 있는 형세였다. 정치로서는 그 당시 대통령 후보로 나온 것만 해도 과분한 자리였다.

세상은 한사람만의 능력으로 되지 않으며 그 능력만으로 역사가 이루어지지 않는다. 인물은 시대의 요청에 의해서 만들어진다. 산세지형으로 보아 김대중 씨는 자신을 먼저 거둔 다음에 남을 생각하는 형세라서 2인자를 만들어 내지 못하는 지세였다. 자신의 뜻을 거스르는 일을 용납하지 못하는 성격이라는 것이 선조의 음택에 나타나있다.

김영삼 씨는 후대의 평가가 민주화 운동의 공적이나 대통령 현직에 있을 때 보다 날이 갈수록 떨어질 것이 우려되었으며 명예에 대한 부분이 받쳐주지 못하고 있었다.

1997년도 선거에서 나온 김대중, 이회창, 이인제 세 후보의 산세에서 보여주는 결과는 풍수가로서 보았을 때 당연히 이회창 후보였다. 그러나 결과는 나의 예측을 뒤엎고 김대중 씨가 당선되었다.

김대중 씨 부친의 묘가 용인으로 이장이 되었었다는 소식을 접하고 달려가 감정을 해보려니까 경비가 삼엄해서 올라갈 수가 없었다.

대통령 선거가 끝난 얼마 후 이회창 후보의 선산에 쇠말뚝과 칼이 수십 개 박혀있던 사실이 밝혀졌다. 그리고 세종대왕의 능인 영릉에서도 같은 현상이 있었음이 밝혀졌다. 같은 전주이씨의 기 흐름을 차단하려는 의도가 아니었나 싶다. 사건은 어느 무속인의 아들에 의한 소행임이 밝혀졌다. 묘소에 쇠말뚝을 박으면 기의 흐름을 차단하는 효과가 있다는 것을 알고 풍수범죄를 저지른 행위이다. 이장과 쇠말뚝 사건 등이 있고나서 김대중 후보가 대통령에 당선되었던 것이다.

내가 김대중 대통령의 선산을 본 것은 선거가 끝난 한참 후였다. 세상에 완벽한 조건을 갖춘 땅은 없지만 용인에 새로 이장한 땅은 아주 좋은 자리였으며, 그곳은 하의도 선산과는 반대로 쓰여 있었다. 하의도가 상업과 같은 경제적인 측면의 특출한 면을 가졌다면 용인은 명예에 치중해 쓰여 졌으며 좌청룡이 아주 가까워서 당대에 발복할 수 있는 자리였다. 아쉬운 점은 그의 주변 사람들이 하나 둘씩 등을 돌리리란 것이다. 안산이 옆으로 비껴 흘러가고 있기 때문이다. 또한 구설수가 있으며, 부와 경제를 상징하는 산이 배역하고 있어서 경제와는 거리가 멀어 보인다. 경제학에 관한 책까지 저술한 그지만 이장한 자리에서는 경제와는 인연이 없어 보였다.

정상을 밟지는 못했지만 2인자로 버티고 있으며 우리나라 정치사의 많은 부분을 차지하고 있는 김종필 씨 선조의 이장 사실이 신문마다 게재되었다. 왕기王氣가 서렸다고도 했고 명당이라는 말도 오르내렸다. 하지만 문제점을 지적한 사람은 하나도 없었다.

내가 바라본 풍수 지리적 관점에서 충남 신양면 하천리에 새로 이장한 선산은 주산主山을 많이 깼기 때문에 치명적인 곤란을 당할 것이다. 산은 높아서 위용이 있으나 받아주는 사람이 없는 형국이며 말년에 풍파가 있겠고 망신살이 올 수 있는 자리이다. 물도 직거直去하는 형세라서 어려운 일이 있을 것이며 안산에 토체土體(위가 평평한 일자 모양의 산)가 있으나 멀리에 있어서 앞으로의 상황은 지금과 같지는 않을 것이다.

참고로 하나 더 말하자면, UN사무총장인 반기문 씨 집안의 산소터가 좋다. 충북 음성에 있는 이곳은 일단 맥이 크고 청룡과 안산의 어울림 등 주위의 형국 또한 아주 좋다. 후일 만약 반기문 총장이 대통령 선거에 출마한다면 당선을 바라볼 수도 있는 길지이다.

산은 오늘도 침묵으로 실행할 뿐이지 인간적인 정이나 배려가 어디에도 없다. 자연은 냉혹하리만치 원칙의 실천만을 어김없이 수행하고 있다.

시신영구보관

우리는 사후 영구보관법을 통해 있는 그대로의 모습을 간직한 채 미라가 되어 있는 많은 유명인들을 본 적이 있다. 레닌, 스탈린, 김일성, 마오쩌둥 등이 그러하다. 그들의 시신은 혈액과 내장, 안구, 뇌 등이 체내에서 완전히 적출된 후 진공상태의 관에 보관되어 있다.

우리나라도 명당과 소나무 관을 이용해 조상들의 시신을 모셔 뼈를 오랫동안 보관하는 장례절차가 당연시 되고 있으며, 이러한 우리의 풍수지리 사상과, 유명한 인물의 시신을 썩지 않게 하는 미라 사상은 둘 다 죽은 자를 잘 모시자고 한 점에서 공통점을 갖고 있다. 그러나 시신을 자연적으로 천천히 썩히는 것과 인공적인 방법을 통해 보관하는 것은 개념적으로 큰 차이가 있다. 인공적인 경우, 예컨대 이집트에서는 사자死者는 영원한 삶을 누린다고 믿어 영혼이 돌아올 수 있도록 시신을 약품 처리하여 오랫동안 보존하게 한 반면, 우리나라는 환생의 목적이 아니라 선조와의 정신적 접촉에 의미를 두어 인공처리를 하지 않고 시신이 자연에 동화되는 것을 중요시한다.

이러한 의미로 보아 풍수지리에서는 시신을 보관하는 것을 옳지 못한 풍습으로 여긴다. 고인을 편하게 모시지 않으면 후손들이 몰락하는 흉을 초래할 수 있기 때문이다.

가까운 예로 북한은 김일성이 살아있던 1950년대의 초창기와는 다르게 3대째 세습에 이어지며 현재 대내외적으로 내리막길을 가고 있다.

시신이 영구적으로 보관된 인물들은 제각각 자신의 나라에서 격동의 시대를 살다간 사람들이다. 그들의 시신은 살아있는 사람들의 이루지 못한 꿈을 위해 죽은 뒤에도 쉬지 못하고 세상에 남아 고생을 당하고 있는 것이다.

사람은 자연에서 태어나서 다시금 자연으로 돌아가는 것이 세상의 이치이다. 풍수적으로도 사람을 명당에 잠들도록 하는 것이 당연한 일일 것이다.

왕릉에 얽힌 풍수 이야기

이방원은 후일 태종으로 즉위하지만 자신의 형제는 물론 수많은 공신들까지 죽이면서 즉위한 군주이다. 아버지인 태조는 그런 자식을 등지고 함흥으로 가서 살기도 하였으니 가족 간의 윤리는 권력 앞에 모두 깨진 집안이었다.

이방원은 심지어 아버지 이성계가 먼저 죽은 계비 신덕왕후 강 씨를 묻었고 그 자신도 죽으면 그곳에 묻히길 바라며 정해두었던 정릉마저 망가뜨려 버렸다. 이방원이 정릉을 훼손시켜 버리자 태조 이성계는 죽어서 들어갈 자리마저도 자식이 막는다고 눈물을 흘렸다고 전해지고 있다. 이성계는 죽을 때 한양은 몸서리쳐지는 기억밖에 없으니 자신을 고향인 함흥에 묻어 달라고 하였으나 조선왕조의 첫 무덤을 그곳으로 하기에는 적당치가 않았을 것이다. 평소에 원도 못 풀고 세상 떠난 아버지에 대한 자식의 인간적인 아픔이 있었는지 몰라도 그 소원은 들어주지 못한 대신에 함흥 땅의 억새풀을 가져다 떼를 입혔다.

많은 피를 토대로 왕권을 쟁취한 이방원의 아들이 세종대왕이다. 세종대왕은 춘추 54세로 동별궁東別宮에서 보위에 오른 지 32년 만에 세상을 떠났는데, 세종대왕의 능이 여주로 이전하기 전에는 물이 차 있었다는 것은 많이 알려진 사실이다. 묘지에 물이 차게 되면 우선은 자손에게 병이 오고 예기치 않은 사고가 생기기도 하며 상하의 위계 질서를 무너뜨리는 사람이 나오기도 하고 정신계통의 병이 오기도 한다. 세종의 손자인 단종은 물론 아들끼리 서로 죽이고 죽는 일이 벌어졌다. 피바람의 당사자인 세조 역시 병으로 많은 고생을 하였다.

역사적으로 볼 때 그때의 정치 세력의 변화를 원인으로 설명하는 것이 타당하겠지만 풍수에서 보는 관점은 또 다르다.

세종대왕릉은 세종 자신이 살아있을 때 직접 자리를 잡아 놓은 곳이다. 세종 재위 때부터 이곳은 물이 드는 땅이라는 반론이 있었다. 그럼에도 그 자리를 고집했다. 세종의 입장에서는 미워도 아버지였으며 "이곳 아닌 다른 곳에서 복지福地를 다시 얻는다 해도 어찌 선영 곁에 장사지내는 것만 하겠는가" 하며 고집해서 그 자리에 묻히게 된 것이다. 후일에 지금의 여주에 있는 영릉으로 옮기고 나서 모처럼 왕실의 평화를 갖는다.

2대 정종의 능만 개성에 있고 대부분 왕릉은 서울 및 경기도 일대에 분포되어 있다. 조선 역사의 인물들 중에서 풍수에 관심 없는 사람은 거의 없을 정도였다고 한다. 그런 이유로 능 자리를 정할 때마다 모두들 한마디씩 하여 말도 많고 탈도 많았으며 정석보다는 힘의 역학 관계에 의해 이뤄진 것이 많다. 문종, 영조, 고종을 비롯해 연산군이나 광해군의 경우는 더욱 그러했다. 일부러 최악의 자리로 몰아버린 경우다.

이씨 왕가의 사람 중 가장 풍수에 빠져들었던 사람은 세조와 홍선대원군이다.

조선이 개국 초부터 부자지간, 형제간의 싸움으로 얼룩진 집안이지만 세조만한 야욕가도 드물 것이다. 그는 풍수에 있어서까지 철저하게 정적을 뭉갠 사람이었다. 형인 문종의 능 자리를 잡을 때 직접 참여했다. 문종왕릉의 자리는 사룡死龍이었다. 가장 나쁘다는 자리를 절대적 영향력을 지닌 세조가 선택한 것이다. 그 후 그 파장은 실로 엄청난 역사의 장면들로 남아있다.

또한 흥선 대원군의 야욕은 절을 불 지르고 그 자리를 선조의 묘자리로 쓰는 욕심을 보였다. 하지만 그의 둘째아들과 손자는 나라를 빼앗긴 망국의 치욕스런 왕이었다. 흥선 자신도 며느리와의 암투에서 밀려 말년을 허망하게 보내다 죽었다. 욕망의 석양빛은 언제나 쓸쓸하다.

자신이 묻힌 자리는 자신의 살아온 운명을 그대로 보여준다. 그의 묘는 좌청룡보다 우백호가 유난히 발달해 있으며 여자에게 당하는 형세의 자리에 묻혀있다. 좌청룡은 남자와 명예를, 우백호는 여자와 돈을 일컫는다고 말했다. 우백호보다 좌청룡이 부실하면 옹색한 부자가 나오고 남자보다 여자가 기세를 펴는 형국으로 본다.

왕족이라도 운명을 거스를 수는 없는 것이다. 세종이 아버지 곁에 있고 싶다며 물이 나온다는 신하들의 진언도 뿌리치고 일방적으로 자리를 정해 물자리에 들었기 때문에 그의 아들과 손자인 문종, 단종 같은 후손들이 곤란을 겪었듯 운명은 한사람의 힘으로 엮어지는 것이 아니다.

망국의 천자를 만들어 낸 흥선대원군

흥선대원군은 영조의 현손玄孫으로 왕족이면서도 불우하게 지낸 인물이다. 안동김씨 세도정치 밑에서 살아남기 위해 시정잡배와 어울려 방탕한 생활과 그야말로 상갓집 개란 소릴 들으면서까지 속내를 감추고 철저히 바보 행세를 하며 자신을 보호했다. 그런데 홍선은 풍수에 관심이 많을 뿐만이 아니라 자신도 풍수를 직접 배운 풍수가이기도 했다.

십 수 년간에 걸쳐 명 풍수를 찾아 헤맨 끝에 시골에서 농사를 짓고 있던 정만인鄭萬仁이란 사람을 만나게 되었다. 홍선의 간곡하고 지극한 정성에 마음이 움직인 그는 충청남도 예산군 덕산면 가야산 동쪽의 '2대에 걸쳐 천자가 나오는 자리'와 다른 한 곳의 '만대에 영화를 누리는 자리'를 일러 주었다. 정만인은 이미 국운이 쇠함을 예상하고 만대의 영화를 누릴 자리를 권했다.

그런데 홍선은 정만인의 만류에도 불구하고 만대영화를 뿌리치고 2대의 천자가 나온다는 덕산을 선택했다. 지난날 안동김씨들에게 당한 치욕스런 수모를 앙갚음하고 자신이 정권을 잡아 누리고자 했음이리라. 그 당시 무려 500리 떨어진 곳에 아버지 남연군南延君의 묘를 천자지지天子之地로 이장했다. 차도 없던 당시에 500리라니. 그것은 발복에 대한 확신이 없으면 절대 할 수 없는 일이었다. 이장을 한 후 18년 만에 아들이 제왕의 자리에 오르니 그가 바로 조선의 26대 국왕인 고종이다. 조선조 마지막 왕인 순종이 대를 이어 2대에 걸쳐 왕이 되었으니 정만인이 예언한 것처럼 2대에 걸쳐 천자를 얻은 것이다. 자세한 것은 『매천야록』에 기록되어 있다.

대원군이 정만인이란 사람을 따라 2대에 걸쳐 천자가 난다는 곳을 가보니 가야사라는 절 금당金堂 뒤 언덕 위에 있는 5층 석탑 자리였다. 가야사는 당시의 수덕사보다 큰 절이었는데 조선조에 편찬된 『여지도서』라는 책에도 그 탑의 기록이 있을 정도로 크고 웅장했다고 전해진다.

홍선은 가재도구를 판 2만 냥의 절반을 절의 스님에게 주어 내보내고 절을 불 지른 후 탑을 헐어내고 이장했다. 이 탑을 헐기 전날 밤에 흰옷을 입은 탑의 신이 홍선대원군 4형제 중 자신을 제외한 3형제의 꿈에 나타나 만약 자신이 살고 있는 곳에 묘를 쓰면 형제는 결국 망할 것이라고 현몽했다.

이 꿈 얘기를 들은 홍선은 태연하게 명당임에 틀림없다며 석탑을 헐 때 직접 도끼까지 들고 나갔다고 하니 자신의 목적을 위해서는 어떤 일이든 가리지 않는 무서운 사람이었음을 알 수 있다. 그러나 망국의 천자를 만들어낸 홍선 대원군의 꿈은 어둡고도 허망할 따름이었다.

당시 쇄국정책을 하던 조선의 고종에게 독일의 오페르트는 통상교섭을 해왔지만 번번이 실패했다. 홍선 대원군이 쇄국정책을 고수

했기 때문이다. 그런데 이들은 물러나지 않고 조선의 풍속을 살펴보니, 풍수로 인해 부귀와 흥망성쇠가 달려있음을 알게 된다.

그는 조선인 천주교도인의 말에 따라 홍선의 아버지 묘를 찾아내고는 도굴을 감행한다. 독일인 오페르트와 미국인 젠킨스, 프랑스 신부인 페롱, 조선인 모리배, 필리핀과 중국 선원 등 1백 40명으로 도굴단을 구성한다. 그리고 1868년 5월 10일에 충남 덕산군 남연군묘에 이른다. 남연군묘의 체백體魄과 부장품을 꺼내 홍선 대원군과 홍정을 하려 했던 것이다.

20여 년 전 정만인은 이 일을 예견했듯 보통 묘광에 쓰는 회보다 30배 이상이나 회를 썼다. 한밤중 시간을 다투는 도굴단은 삽날도 들어가지 않는 묘에 당황하고 부장품은 꺼낼 엄두도 못 낸다. 굴착기를 사용했으나 겨우 작은 구멍하나 냈을 뿐이었다. 오페르트는 일을 단념하는 대신 묘의 정기라도 훼손시켜서 대원군의 기세를 꺾으려고 했다. 시신을 불태우려고 그 구멍에 횃불을 집어넣었는데 불이 꺼져버렸다. 명혈에서 나오는 훈기가 횃불을 꺼지게 만든 것이다. 그렇다고 그냥 뒤로 물러 설 수 없었던 도굴단은 그곳에 인분을 들이부었다. 끔찍한 일이 아닐 수 없었다. 이를 안 대원군의 분노는 하늘을 찌를 듯 했으며 쇄국정책은 더욱 심했고 천주교도인에 대한 박해 또한 아주 심할 수밖에 없었다.

남연군묘 도굴사건이 일어난 후부터 절대 권력을 누렸던 홍선 대원군에게 차츰 변화가 오기 시작했다. 평소에 고분고분하던 며느리 명성황후가 달라진 것이다. 드디어 며느리와 시아버지간의 불화가 끊임없이 일어나고 쇄국정책을 고집했던 홍선은 되는 일이 없었으며 마침내 청나라 텐진天津의 보정부保定附에 유폐된다. 풍수명당의 발복을 받아서 아들이 13세에 왕위에 등극했는데 선친의 묘지가 훼손되었으니 당연히 나쁜 간섭에너지가 작용할 수밖에 없는 것이다. 국운은 점점 쇠하고 명성황후마저 일본인들의 손에 의해 처참히 죽임을 당하는 비운을 맞이한다.

정만인이 예견했고 한양의 도읍터를 정한 무학대사의 말이 그대로 맞아들기 시작한 것이다. 홍선 대원군 자신은 물론 며느리 명성황후의 몰락은 결국 조선왕조의 몰락으로 끝맺음을 한 것이다.

2. 나는 지사地師다

— 풍수와 맺은 인연 —

전면 그림 : 동북아역사재단에서 복원한 7세기 강서대묘 사신도 중 주작朱雀 (부분).
풍수에서 주작은 대인관계를 나타낸다.

차 한 잔의 인연

지리산 실상사實相寺●는 내가 자생풍수가로서의 싹을 틔우게 해 준 곳이다.

10대 후반 무렵부터 나는 인생에 대한 허무와 사회에 대한 반항심으로 꽉 차 있어서 그 무엇에도 마음을 붙이지 못하고 방황하고 있었다. 담배와 술, 주먹세계며 당구, 여자와도 만나보았지만 잠시 그때뿐 아무런 의미가 없었다. 막연히 어떤 큰 기대감이 나를 그냥 있지 못하게 했다. 가슴속에서 울컥울컥 뜨거운 무언가가 치받아 올 땐 낮이건 밤이건 가리지 않고 산으로 갔다.

어릴 때는 마을의 뒷동산이 나의 놀이터며 은신처였지만 지금은 달랐다. 유난히 산을 좋아하다보니 시간과 여비만 생기면 누가 부르기라도 한 듯 산자락으로 찾아들어 가곤 했다.

그러던 내 인생에서 가장 큰 전환점이 된 것은 지리산 실상사의 노스님을 알게 된 후부터였다. 스무 살 무렵 지리산 화엄사 노고단 천왕봉을 등반하고 오면서 넓은 평지 한가운데 자리를 잡고 있는 실상사라는 절을 보게 되었다.

산을 다니다 보면 크고 작은 암자며 사찰이 많기 마련이지만 한번도 그 절에 들어간 본 적이 없다. 불교든 다른 종교든 나와는 무관하다고 생각되었기 때문이다. 그런데 이번 등반길엔 왠지 달랐다. 그냥 지나쳐 지지가 않아서 무작정 찾아 들어갔고 그곳에서 풍수지리에 해박한 지식을 갖추고 계신 스님과 큰 인연을 맺게 된 것이다.

등산복 차림의 젊은 청년이 경내를 두리번거리고 있자 마침 산보를 마치고 오시던 스님이 한참을 눈여겨보시다가 차 한 잔 하자며 스님의 처소로 나를 부르신 것이다. 난생처음 스님과 차를 마시며 왠지 모를 편안함과 푸근함을 느꼈다. 그 느낌은 마치 봄날 음지에 쌓였던 눈이 한줄기 햇살이 비추자 사르르 녹아드는 그런 기분이었다.

스님의 방안은 작지만 무척 정갈하고 단아했다. 벽의 대나무 옷걸이엔 승복이 가지런히 걸쳐져 있고 한쪽 벽면을 차지하고 있는 키 높은 책꽂이엔 책이 가득 꽂혀있고 그 옆으로도 책이 수북이 쌓여있다.

스님은 다기에 물을 붓고 멋스런 대나무 수저로 차를 넣고는 뚜껑을 닫으며 차가 우러날 때까지 아무런 말씀이 없으셨다. 고요한 정적만이 있을 뿐이다. 나의 시선은 책에 꽂혔고 한 권 한 권 책의 제목을 훑어 나갔다. 할머니가 절에 다니셔서 조금은 아는 책들이 눈에 들어왔다.

그런데 『화엄경華嚴經』『천수경千手經』『금강경金剛經』 같은 불교서적 외에 『청오경靑烏經』● 『금낭경錦囊經』● 등 이름이 생소한 책들이 많이 있어서 궁금증이 생겼다.

나는 어려서부터 한번 의심나고 궁금한 사항이 있으면 잠을 못 자고 밤새 생각하다가 다음날이라도 그 궁금증을 캐내어 알고 넘어가는 집요함이 있었다고 돌아가신 외할아버지와 외할머니께서 말씀하시곤 하셨다.

스님에게 무슨 책들인가 여쭤 보려고 고개를 돌렸으나 차마 입을 열 수가 없었다. 눈을 지그시 내려 뜨시고 가부좌를 하고 계신 모습이 마치 움직임 없는 부처님 같았기 때문이다. 말은 하지 않았지만 지금의 내 마음은 물론 내가 방황하고 어렵게 마음고생하며 자라온 모든 사실을 다 알고 계신 듯 너그럽고 인자하기 그지없어 보였다. 풍경소리만이 지금의 정적을 두드릴 뿐이다. 이 잠시의 침묵이 앞만 보며 거칠게 자라온 나의 과거를 떠올리게 할 줄은 몰랐다.

스님은 입가에 엷은 미소를 지으셨다.

"자, 이제 차 한잔 들게나, 젊은이!"

차를 따르는 손놀림 하나에도 수행자에게서 뿜어져 나오는 온화함과 정성이 깃들어 보인다. 맑게 우려난 녹차를 한 모금 마시자 향기가 입 안 가득 고여 왔다.

스님에게 무슨 말이든 한마디 해야 할 것 같은데 도무지 어떤 말을 해야 할지 입안에서 뱅뱅 돌 뿐이다.

"말이란 때로 소음이 되기도 하지. 진실은 말 없는 가운데 통하거든."

스님은 내 마음을 들여다보기라도 하신 듯했다.

"젊은이는 누구인가?"

"예?"

"젊은이는 누구인가 말일세."

나는 순간 말문이 막혔다. '나는 누구인가!'

그렇다. 지금까지 내가 수없이 방황하고 고뇌하고 세상을 향해 몸부림치려 했던 그 무엇이 '나는 누구인가'란 정체성 때문이었는지도 모른다.

나는 정녕 누구이던가! 나는 겨우 이렇게 대답하였다.

"스님 저는 산이 좋아 산을 오르고 내리고 하는 시골청년입니다."

"음, 꼭 40여 년 전의 내 젊었을 적을 보는 듯하네. 혈혈단신 고아로 절에서 잔뼈가 굵고 어떻게 해서든 크면 도시로 나가 돈도 벌고 나를 버린 부모도 만나보고 결혼도 하고 아들딸 낳고 속세에서 한바탕 멋지게 살아봐야겠다고 수없이 생각했었지. 그런데 막상 성인이 되고 부처님 그늘에 있다 보니 그런 것들이 모두 부질없단 생각이 들더구먼. 그 후부터 죽으나 사나 부처님 밥만 축내며 살다가 지금까지 온 게야."

"스님 어떻게 하면 스님처럼 출가를 해서 수행자로 평생을 살 수 있습니까?"

나도 출가를 하여 스님처럼 한 세상 공부나 하며 수행자로 산 속에서 살아야겠다고 생각했다.

"출가?"

"예, 스님. 저는 부모도 형제도 없습니다. 외갓집 친척들이 있긴 하나 누구하나 의지처가 없으며 세상살이가 싫습니다."

"허! 혈기왕성한 젊은이가 세상을 등지겠다구! 출가를 하더라도 그런 마음으론 절대 안 되는 것이네. 출가의 인연은 따로 있는 것이야. 출가를 해서 수행자가 되겠다는 모진 마음을 갖고 있었다면 오히려 그 마음으로 세상을 멋지게 한 번 훔쳐보지 않으려나."

"예? 세상을 훔쳐보라고요?"

"대장부로 태어났으면 기껏 여자의 마음이나 훔치려 들지 말고 이 세상을 한 번 제대로 훔쳐보란 말일세, 허허허."

나는 스님의 선문답 같은 말씀을 알아들을 수가 없었다.

"스님, 책이 많으시군요."

나는 겨우 책으로 화제를 돌렸다.

"젊었을 적 읽던 책들은 모두 없애고 나머지 책들을 끌어안고 있네만 이것들도 언젠간 제 운명을 다 할 걸세."

"아까운 책들을 버리신다구요?"

"책만 끌어안고 있으면 뭐 하나. 책의 내용을 내 것으로 만들었으면 되는 게지. 그것들은 한낱 문자의 쓰레기에 지나지 않은 게야."

스님은 이 방의 책들을 모두 통달하신 분 같았다. 나는 지금까지 만나왔던 모든 사람들에 대한 상이 한순간에 무너지는 듯 했다.

"젊은이 마음이 편치 않음을 알고 있네. 이곳에서 며칠 묵으며 쉬었다 가게나. 그리고 읽고 싶은 책이 있으면 언제든 와서 가져가 보게. 그러고 나서 차나 한 잔 하세나."

스님은 처음 본 나를 아주 편하게 대해주시며 많은 느낌표를 던져 주셨다.

그날 밤 절의 객방에서 나는 뜬 눈으로 밤을 지새웠다. 새벽녘 스님의 도량석道場釋 소리가 아련히 귓가를 맴돌기 시작했다. 나는 스님이 어떤 분인지 무척 궁금해지기 시작했다.

그래서 법당에 새벽 예불을 하러 가는 대신 스님의 빈 방에 들어가 책 몇 권을 뽑아왔다.

어제 보았던 『청오경』과 『금낭경』을 읽기 시작했다. 이 책들은 조선시대에 풍수사를 채용하기 위해 과거시험을 볼 적에 교재로 쓰였던 책이란 걸 알았다.

명당明堂과 혈穴의 위치를 찾아 재앙을 막고 발복發福을 얻게 해주는 풍수지리 학문은 책장을 넘기면 넘길수록 그 호기심과 재미에 시간 가는 줄 모를 지경이었다. 이 외에도 신라시대 의상 대사의 『산수비기山水秘記』, 당나라 때 양균송梁筠松(834~900)이 쓴 『의룡경疑龍經』과 『감룡경感龍經』 등등이 있었다. 양균송은 그의 풍수 지식으로 가난한 사람들을 많이 도와주어서 가난을 구제해 준다는 '구빈救貧선생'으로 불렸다고 전해진다. 생각해 보니 우리 동네에서도 사람이 죽으면 산소 자리도 잡아주고 이장移葬도 해주며 땅을 살 때도 봐주곤 하는 강씨 아저씨의 할아버지가 풍수지리를 공부한 지관이었단 말을 들은 적이 있었다.

그렇게 며칠을 꼼짝 않고 객방에 틀어 앉아 풍수지리에 관한 책만 읽었다. 지금까지 내가 알아왔던 세계관이 깨지는 순간이었다.

사람은 죽음으로써 모든 게 끝나는 것이 아니라 또 다른 세상의 문이 열리는 것이다. 자손에게 조상의 환원還元에너지가 작용하기 시작해서 좋은 터에 묻혔으면 좋은 일들이, 나쁜 터에 묻혀있으면 자손에게 재앙과 질병이 끊임없이 전달된다는 어찌 보면 무서운 사후死後의 세계를 다루는 사람이 지사인 것이다. 그것은 미신도 점성술도 아닌 땅과 바람의 자연현상에서 오는 오묘한 조화이다.

책을 다 읽어갈 무렵 스님은 차나 한 잔 하자며 방으로 나를 부르셨다. 성급한 마음에 풍수에 관한 질문들을 쏟아놓자 스님은 아무 말씀도 없으시며 여전히 인자하신 모습으로 차를 우려내고 계신다.

나는 말을 많이 한 것이 계면쩍어 침묵하고 있는데 스님은 차를 한 잔 건네주시며 조용히 그러나 힘 있게 말씀하신다.

"이제 자네의 갈 길은 정해진 거 같구먼."

나는 스님의 그 말씀에 온 몸에 힘이 솟으며 자신감이 생겼다.

"예, 스님. 인생을 걸고 한번 도전해 보겠습니다."

"그래 잘 결정했네. 사람은 누구나 자기 근기根基에 맞는 일을 해야 되는 법, 그 길이 평탄치 못하고 어렵더라도 일단 발을 들여놓은 이상 포기하지 말고 열심히 한 번 해보게. 내 처음 젊은이를 보았을 때 그 눈빛에서 심상치 않음을 느꼈지. 자넨 보통사람과는 달라. 분명 풍수지리가로서 명성이 따를 걸세. 그렇더라도 물질에 현혹되지 말고 어렵고 가난한 사람들을 위해 자네의 학문을 쓰게나."

"예, 스님."

"그럼 나와 함께 산행을 하기로 하세. 그 다음부터는 철저히 자네 몫이란 걸 명심하게. 인생이 혼자 왔다가 혼자 가듯이 이 길도 철저히 나 혼자일 수밖에 없네. 그만큼 어렵고 외로운 길인 것이야."

나는 늙고 왜소하고 힘없어 보이는 스님이 거대한 산처럼 보이기 시작했다.

● 실상사實相寺

전북 남원시 산내면에 있는 실상사는 지리산 산자락 아래쪽 넓은 들녘 한가운데에 있다. 828년(신라 흥덕왕 3년) 홍척洪陟 국사에 의해 창건되었으며 우리나라 선불교를 연 구산선문九山禪門의 첫 번째 사찰이다.

실상사에는 풍수지리설과 관련된 흥미로운 이야기가 있다.

고려 태조 왕건의 탄생을 예언한 바 있는 도선道詵(827~898)대사가 지리산의 산세와 지맥을 살펴보니 산천의 정기가 바다를 지나 일본열도로 흘러가므로 그것을 진압하고자 지리산의 12대 명혈名穴에 불상과 불탑을 봉안, 매장하였는데 실상사가 그 중 하나다. (그 전에 도선대사는 산천을 편력하다가 지리산에서 한 이인異人을 만나 풍수법을 전수 받았다고 전해진다. 도선은 불교와 풍수가 만나는 지점에 있는 사람이다.)

그리고 약사전藥師殿에 있는 철제여래좌상은 대좌 위가 아니라 이례적으로 평지인 맨땅에 모셔져 있다. 4천근의 무쇠로 만들어 천왕봉을 향해 놓은 것은 모두 일본열도로 흘러가는 지맥을 누르기 위해서라고 한다.

또한 보광전寶光殿 안의 동종에는 일본 지도가 그려져 있는데, 그 부분을 망치로 쳐서 일본을 질책한다는 것과, 원래는 한국지도로서 국운이 흥하기를 축원해 오다가 일제시기에 주지 스님이 이로 인해 고초를 당하자 일본 지도로 바꾸어 풀려났다고 하는 이야기가 함께 전해져 오고 있다.

실상사 철제여래좌상 / 보물 41호

실상사 동종 / 시도유형문화재 137호

● 청오경青烏經

『청오경』은 중국 후한시대 청오자青烏子가 쓴, 풍수지리학의 원전이라 할 수 있는 책이다. 『장경葬經』이라고도 불린다. 당나라 때 국사였던 양균송의 주석이 있다. 다음은 『청오경』의 구절이다.

氣乘風散 脈遇水止 기승풍산 맥우수지

기는 바람을 타면 흩어지고 맥은 물을 만나면 멈춘다.

吉氣感應 累福及人 길기감응 누복급인

좋은 기가 감응되니 많은 복이 사람(후손)에게 미친다.

● 금낭경錦囊經

『금낭경』은 중국 진晉나라 때 학자이자 풍수지리가인 곽박郭璞(276~324)이 청오자의 저서 『청오경』의 내용을 부연하여 지은 책이다. 원래는 『장서葬書』였으나 당나라 때에 『금낭경』이라는 별칭도 생기게 되었다.

그러니까 청오자의 『청오경』은 『장경』, 곽박의 『금낭경』은 『장서』인 것이다.

당의 현종이 풍수지리에 능한 홍사泓師를 불러 산천의 형세에 관해 묻곤 했는데 그때마다 홍사는 자신이 가지고 있던 곽박의 『장서』를 인용하여 답변을 했다. 그러자 현종은 홍사에게 아예 그 책을 달라고 하여 금낭, 즉 비단 보자기 안에 넣어 소중히 간직했다. 이러한 유래로 『금낭경』이라 불리게 되었다고 한다. 다음은 『금낭경』의 구절이다.

風水之法 得水爲上 藏風次之 풍수지법 득수위상 장풍차지

풍수의 법은 득수가 우선이요 장풍이 그 다음이다.

동기감응

스님과 나는 아침 공양이 끝나자마자 산행을 시작했다. 산골짜기 계곡을 따라 오르다 능선으로 올라섰다. 노년의 몸인데도 가볍게 산길을 오르시는 모습이 건장한 장정 못지않았다.

나는 뒤질세라 부지런히 스님의 뒤를 따라 갔다. 한참을 오르다가 넓적한 마당 바위가 나오자 스님은 한숨 쉬어가자며 좌정을 하신다. 안이건 밖이건 자세가 한 점 흐트러짐이 없으신 스님에게서는 향내가 나는 것 같다.

높은 곳에서 보니 산 아래 마을과 절이 한눈에 들어온다. 비교적 넓은 평야지대와 중첩된 산들이 아스라이 멀리 보인다. 산은 능선을 따라 파도치듯 부드럽게 흐르고 있다. 산이 깊은 만큼 골도 깊고 능선이 고우면 산의 형세도 부드러운 것이라며 스님이 한 말씀하신다. 흐르는 땀을 닦아내고는 잠시 후 산자락의 한편에 묘가 있는 곳으로 이동을 하자, 스님은 묘 봉분의 조금 위쪽 두툼하고 둥그스름한 부분에 서 계셨다.

"지금 서 있는 곳을 입수入首● 또는 입수두뇌入首頭腦라고 한다네. 뒤로 보이는 것이 주산主山 또는 부모산父母山 즉 현무玄武●고, 왼쪽의 산줄기를 좌청룡左青龍●, 오른쪽의 산줄기를 우백호右白虎●, 또 바로 앞에 보이는 산을 안산案山, 뒤쪽의 높은 산들은 조산朝山이라고 하며 안산 조산 같은 혈 앞의 산들을 주작朱雀●이라 하지."

"예, 스님. 그런데 그런 것들이 무엇과 관련이 있는 것인가요?"

"좋은 질문이네. 좌청룡은 명예와 남자를 뜻하고 우백호는 여자와 돈, 안산은 대인관계를 말하는 것이네."

책에서 그림과 글씨로 보던 것들이 직접 눈앞에 펼쳐져 있고 스님이 자세히 설명을 해주시니 이해가 빨리 왔다.

"또 안산과 조산의 산줄기 뒤에서 예쁜 모습으로 넘어다보는 산을 월봉越峰이라고 하고 흉한 모습으로 훔쳐보듯이 있는 산을 규봉窺峰이라고 하네. 모두 알아듣겠는가?"

"예, 생각보다 구별하기가 쉽지가 않은데요."

"그렇지, 알면 알수록 어려워지는 것이 풍수지. 그래서 풍수를 잘 알려면 무엇보다도 발이 받쳐 주어야 한다네."

"예? 발이 받쳐주다니요?"

"끝없이 발로 현장을 답습하고 뛰어야 하는 게지."

"과학적이고 학문적인 체계는 없습니까?"

"그게 큰 아쉬움이네. 조선시대에는 예조禮曹에서 취재取才라고 하는 일종의 기술관 선발시험을 보았고 『청오경』이나 『금낭경』이 교재처럼 쓰였지. 헌데 그 책이란 것이 어렵기도 하지만 구체적인 내용이 빠져 있다는 것이야. 젊은 풍수가가 나와 과학적인 체계를 갖출 필요가 있겠지. 전해 내려오는 것들 중 음양오행陰陽五行이나 패철佩鐵 등에 대해서는 비교적 소상하지만 그것이 풍수의 핵심이 아니거든."

"그럼 무엇입니까? 스님."

"음, 지형의 작은 변화에도 그 영향은 상당히 다른 결과를 낳는 것이 현실인데 그 부분은 뜬구름 잡는 것처럼 막연히 나와 있는 것이 대부분이네. 내가 볼 때 자네는 끈기와 집념이 있는 것으로 보네만 한번 큰 도적이 되어 보게나. 내가 말로써 가르쳐 줄 수 있는 것은 한계가 있느니."

나는 고마움에 스님에게 넙죽 절이라도 올리고 싶었으나 마음뿐이었다.

"풍수는 전체를 읽는 통찰력과 세부적인 변화를 감지 할 수 있는 예민함이 동시에 필요하네."

사실 나는 산길을 걷고 오르는 일이 무엇보다 즐거웠다. 우리나라의 백두대간을 종단하기도 하면서 더욱 산에 대한 애정을 갖게 되었다. 당시 산은 나의 친구이자 생의 동반자였다.

"발복은 자리에 따라 짧은 기간에 일어나는 곳도 있고 한참 후에 발복하는 곳도 있지."

"정말 풍수는 알면 알수록 신비스럽고 재미있군요."

지리산은 골짜기에서 보면 산세를 느낄 수 있으나 정상에 올라가 보면 산으로 바다를 이룬 듯 했다. 끝 간 곳 없이 이어진 산의 위세에 인간이란 존재가 얼마나 나약하고 보잘 것 없는지 자연 앞에서 고개가 절로 수그러들었다. 그늘진 숲에서 시원한 바람이 불어왔다. 마른 목에 한 줄기 샘물을 적시는 것처럼 시원했다.

사람의 인생사가 땅의 영향을 받는다는 것을 연구하는 학문인 풍수의 세계에 나는 점점 깊이 빠져들고 있었다.

이미 죽은 조상과 살아있는 자손과의 감응에 의해 살아있는 사람의 운명과 행·불행에 영향을 준다니 놀랍고도 무서운 일이다.

"죽은 자의 집을 음택陰宅이라 하고 살아 있는 사람의 집을 양택陽宅이라 한다네. 이들을 정하는 법은 각기 다른데, 우선 음택은 땅의 지기地氣를 받는 혈穴에다 쓰지만 양택은 지표면에 집을 짓고 생활을 하기 때문에 지기와 편의성, 이 두 가지를 두루 갖춰야 하지."

"그럼 양택과 음택 중 어느 것이 더 영향을 줍니까?"

"그건 음택이네."

"조상의 산소 말이군요?"

"그렇지, 음택이 3이면 양택은 1로 음택이 훨씬 강한 것은 땅의 지기를 받는 혈처에다 직접 쓰기 때문이네."

"스님, 풍수는 어떤 원리에 의해 작용합니까?"

나의 질문도 점점 많아지기 시작했으나 스님은 귀찮아하는 모습이 전혀 없으셨고 오히려 더욱 세심하게 답변을 해 주셨다.

"전파의 원리로 설명하면 쉬울 듯싶네. 방송국에서 보내온 전파를 받아 라디오를 듣는 원리와 같다고 할 수 있지. 풍수 원리의 핵심을 동기감응同氣感應● 이라고 하네. 자연생명에너지는 같은 기를 가진 사람 간에 전해진다네. 같은 기를 가진 사람이란 같은 유전자를 가진 사람을 말하는데, 동기감응으로 인해 생명체는 동조同調되기도 하고 간섭干涉 받기도 하지."

"동조는 무엇이고 간섭은 무엇입니까?"

"알아듣기 쉽게 설명하자면, 동조는 방송국에서 전파를 제대로 내보내면 그 소리가 또랑또랑 맑게 들리는 것이 동조요, 방송국에서 잘못된 전파를 송신하면 잡음이 섞여 시끄럽게 들리는 것이 간섭이라 할 수 있지. 적당한 표현인지 모르겠네만 동조는 발복을 불러오고 간섭은 재앙을 불러오는 파장을 일컫는 것일세."

"그럼 동조와 발복은 어디에서 오는 것입니까?"

"동조는 명당에 묘를 써 좋은 영향이 후손에게 오는 것을 말하고 간섭은 나쁜 자리에 묘를 쓰거나 조상 유골遺骨에 이상이 생겨 나쁜 에너지가 전달되어 병이나 사고 또는 죽음까지도 오는 현상을 말하는 것이지."

스님의 눈빛은 밝게 빛나고 목소리는 힘이 넘쳐났다.

조상의 유골이 자연에너지, 즉 산의 형세에 의한 지기를 받아 그 에너지를 후손에게 전달하는 환원에너지는 동조와 간섭 두 가지로 나눠진다.

자연 속에서 생명체를 유지하게 하고 생겨나게 하는 동조에너지는 길吉한 파장으로 자손에게 좋은 영향을 주며 명예와 부와 건강을 이루게 해준다. 반면 생명체를 파괴 소멸시키는 간섭에너지는 나쁜 파장을 말하며 사고와 여러 가지 질병 죽음과 고통을 가져다준다.

산 속에서 십 년 동안 풍수지리 공부를 하고 나오던 지관이 정승자리를 발견했다. 그 좋은 자리에 묘는 없고 해골 하나만 굴러 다녔다. 지관은 해골의 오른쪽 눈을 막대기로 찔러두고 내려 왔다.

그때 세도깨나 부리던 정승이 갑자기 눈이 아파 의사를 불러대고 난리법석을 떨었으나 허사였다. 드디어 나라에 소문이 나고 지관은 정승을 찾아가 사흘 안에 눈병을 고쳐주겠노라고 약조를 하고는 조상의 묘를 보여 달라고 하였다. 정승이 알려준 산소는 치산을 아주 잘 해 놓았으나 자리는 정승이 날 만한 자리가 아니었다.

지관은 정승에게 자기와 같이 갈 데가 있다 하고는 함께 정승이 나올 자리로 갔다. 그리고는 눈에 찔러 두었던 막대기를 빼내니 정승의 눈은 곧 나았다. 놀라는 정승에게 지관은 지금 묘에 모셔진 분은 친아버지가 아니고, 굴러다니는 이 해골이 정승의 아버지라고 말해 주었다. 정승은 잔뜩 노해서 저놈의 지관을 벌주라고 했다. 하지만 마음 한구석이 미심쩍어서 모친에게 달려가 사실을 얘기해 달라고 하자, 모친은 한 번도 남에게 말하지 않은 비밀을 얘기해주었다. 어느 날 종과 눈이 맞아 그 사이에서 태어난 아들이 바로 정승이었다.

정승은 그 후 친아버지 유골을 그 자리에 다시 잘 모시고 정성을 다해 제사를 지냈다. 명절에는 하인도 없이 평복을 입고 성묘를 했다고 한다.

동기감응은 조상의 유골 및 묘지에 응축된 생명에너지가 유전인자와 유전 형질이 동일한 자손에게 생명에너지로 공급되어 후손의 운명을 좌우한다는 이론이다. 특히 증조부와 그 이상의 조상 환원에너지는 태어나는 후손들에게 기본 그릇이 되는 선천 에너지의 틀을 만들어 주는 역할을 한다.

● 입수入首 취기聚氣

혈 위쪽에 있는 볼록한 부분으로, 용맥을 타고 들어오는 생기가 뭉친 곳. 사람의 머리에 해당되는 중요한 부분이다. 생기가 뭉친 곳이기 때문에 취기聚氣라고도 부른다. 한편 취기는 그 아래에 혈을 맺지 못했더라도 '기가 뭉쳐있는 곳'이라는 일반적인 의미로도 쓰인다.

● **청룡**靑龍 **백호**白虎 **주작**朱雀 **현무**玄武

방위를 수호하는 상상의 동물들. 고구려 후기 고분벽화에 많이 그려졌다. 사신四神이라고 불리며 색깔이 정해져 동청룡 서백호 남주작 북현무가 된다. 풍수에서는 사신사四神砂라고 하여 명당을 둘러싼 산들을 말하며, 명당의 방향을 기준으로 좌청룡 우백호 전주작 후현무가 된다.

남(전)주작

동(좌)청룡

서(우)백호

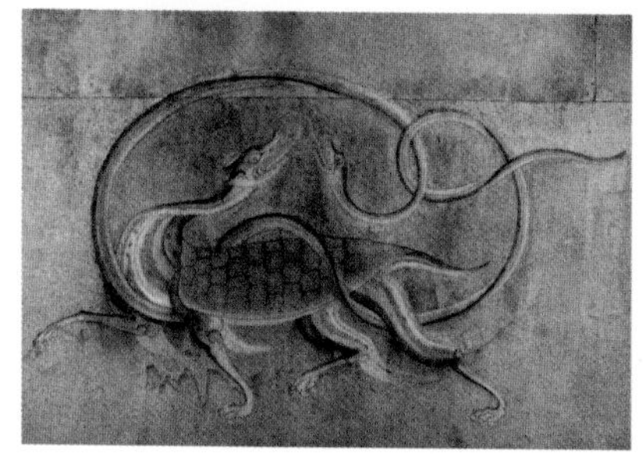

북(후)현무

(고구려 강서대묘의 사신도 / 동북아역사재단에서 복원한 모습)

● **동기감응**同氣感應

진나라 때 곽박의 『금낭경』「기감편氣感篇」에 '동산서붕 영종동응銅山西崩 靈鐘東應'이라는 글귀가 있다. 이는 '서쪽에 있는 구리 광산이 무너지자 동쪽에 있는 종이 감응하여 울린다'는 말이다.

한나라 때 미앙궁未央宮에 구리로 만든 커다란 종이 있었다. 어느 날 바람도 없고 건드린 사람도 없는데 종이 저절로 울리는 것이었다. 이를 이상히 여긴 황제는 동방삭東方朔에게 물었다.

"대체 종이 저절로 울린 것은 무슨 까닭인가?"

"서촉西蜀에 있는 구리 광산이 무너졌기 때문입니다."

때마침 산이 무너졌다는 보고가 들어왔다. 놀란 황제가 물었다.

"대체 구리 광산이 무너진 것을 어떻게 알았는가?"

"이 종은 구리 광산에서 캐낸 구리로 만든 것이니, 구리 광산이 어머니라면 구리종은 자식이 됩니다. 종이 울린 것은 어머니가 죽자 자식이 슬퍼한 것과 같습니다. 서로 같은 기운이 감응을 하여 발생한 일입니다."

이에 황제가 크게 감탄하였다.

1997년 러시아의 일리아 로진 박사는 순수한 정제수와 단백질의 일종인 알부민을 각각 병에 밀봉시켜서 나란히 붙여 놓은 뒤 온도를 변화시켜 가면서 원적외선 스펙트럼을 측정한 결과 정제수가 알부민과 비슷한 물성을 띠게 된다는 것을 확인했다. 이 연구는 두 개의 다른 물질이 서로 정보를 교환하게 하는 제3의 에너지가 존재한다는 추정을 가능케 한 현대 과학의 기반을 뒤흔든 실험으로 평가받고 있다고 한다.

서로 다른 물질 간에도 반응한다면 같은 기끼리는 더욱 반응이 활성화될 수 있다는 예상이 가능하다. 조상과 후손은 같은 염색체를 가지고 있는 에너지의 실체이다.

풍수는 사람이 아닌 자연이 스승

눈길을 걸을 땐 똑바로 걸으란 서산대사의 말씀을 노스님이 내게 해주셨다. 앞사람이 길을 잘못 들면 뒷사람도 길을 잃게 된다며 내가 걸어 갈 길은 나 혼자만의 길이 아니라고 하셨다.

스님이 풍수에 대해 말씀해 주시는 모든 것들이 몸 하나하나에 와서 그대로 내 세포의 일부가 되는 것 같았다.

"사람들이 풍수지리를 미신으로 취급하기도 하는데 그건 잘못된 생각이야. 풍수는 21세기의 아주 중요한 학문이 될 거네. 과거나 현재의 풍수들이 과학적이고도 통계분석적인 이론을 정립하지 못하고 있는 것이 안타까운 일이지. 호랑이 형이니, 봉황이 알을 품은 형이니, 족제비 형이니 하는 물형론物形論에 흘러서 뜬구름 잡는 것 같은 면을 없애야만 풍수지리학은 과학적인 학문으로서 발전할 수 있을 것이네."

나는 점점 흥미가 고조되어 가고 있었다.

"풍수는 현재 결과론에 중점을 두고 있는 것이 큰 취약점이지. 그리고 젊은 풍수가가 나오지 않고 있다는 것도 안타까운 일인데 자넨 충분히 할 수 있는 기질이 보이네. 이 늙은이가 알려주는 지식과 책을 기본 지식으로 하고 인물이 나오게 된 마을과 그 원인을 스스로 발견해야 하네."

"예, 스스로요? 선생님 없이 말입니까?"

"선생? 허허, 풍수는 사람이 스승이 될 수 없는 학문인 게야. 사람의 말을 믿어서는 안 되지."

"그럼 어떻게 공부를 해야 합니까?"

"이제부터 자네의 스승은 자연임을 명심하게나."

"… 자연이 스승이라구요?"

"그러하네. 산만큼 솔직하고 거짓 없는 스승이 어디 있겠나. 자네도 산을 많이 다녀봐서 알겠지만 산이 사람을 속이는 걸 보았던가."

"하지만 저 혼자 공부하기엔 모르는 것이 너무 많고… "

"처음에 기초 지식만 습득하고 나면 나머지는 모두가 자연이 최고의 스승인 게야. 이왕 말이 나왔으니 내가 한번 허튼 소리들을 지껄여 볼까. 자넨 총명해서 이해가 빠를 걸로 믿네."

"고맙습니다, 스님."

스님은 여러 가지 풍수에 관한 용어와 이야기들을 재미있게 풀어서 설명해 주셨다.

풍수는 장풍득수藏風得水의 준말이다. 장풍이란 직사풍을 피하고 순화된 바람을 순환 공급시켜 혈장을 보호하고 육성하여 바람을 갈무리한다는 뜻이다.

득수는 혈장穴場에 에너지가 육성되고 응축되게 하기 위해 적절한 물 에너지를 얻는 것을 말한다. 풍수는 바람과 물을 잘 다스리는 과학이다.

"스님 바람과 물의 영향이 그렇게 중요한 겁니까?"

"그럼, 땅의 지기와 장풍득수 그리고 혈장의 위치, 이 3박자를 이루어야만 명당의 역할을 하는 것이야."

"명당의 기본요건 중 어느 한 부분이 모자라면 비보裨補를 한다는 데 맞는 겁니까?"

"잘 알고 있구먼. 모자라면 비보를 하고 넘치면 압승壓勝을 하지. 원래 명당明堂●이란 말은 좋은 묘 자리와 집터를 말하는데 절을 하는 곳을 말하기도 하네. 저 묘를 보게나."

스님은 몇 걸음 걸어 내려오셔서 나지막한 산 능선에 있는 묘를 가리켰다.

"봉분封墳은 알겠지. 시신이 있는 곳을 사발을 엎어놓은 듯이 흙을 쌓아놓은 것 말이네."

"그 밑에 절하는 곳이 명당이란 거군요."

"그렇지. 그리고 봉분 밑으로 이어진 부분을 전순氈脣●이라 하고 혈장을 둘러싼 양 옆을 선익蟬翼●이라고 하는 것이야."

고삐 풀린 망아지 같던 내가 스님을 만나 고분고분한 학생이 되어 가고 있는 것이 신기하고 때로는 기특했다.

싸우는 일이라면 남에게 지지 않고, 공부에는 별 관심이 없던 나의 변신, 좋은 사람과의 인연으로 해서 나와 세상을 향한 반항심이 눈 녹듯 놀아들고 모든 게 긍정적으로 보이기 시작한 것이다.

● **명당**明堂

명당이란 말은 좋은 묘 터 집터 마을 터 등을 가리킨다. 명당이란 기가 모인 곳으로 정혈正穴을 말한다.

일반적으로 굴곡이 있는 임야나 능선을 용龍이라고 한다. 산줄기가 높낮이를 거듭하며 길게 굽이쳐 뻗어가는 형상이 용과 같다하여 그렇게 부른다. 맥脈은 산의 기운이 흐르는 통로이며, 용이 산의 형상에 대한 것이라면 맥은 땅 속으로 흐르는 생기의 움직임이다. 이 용맥의 기운이 흘러가다 장풍득수藏風得水하여 뭉쳐있는 곳이 혈穴이며 그곳이 명당이다.

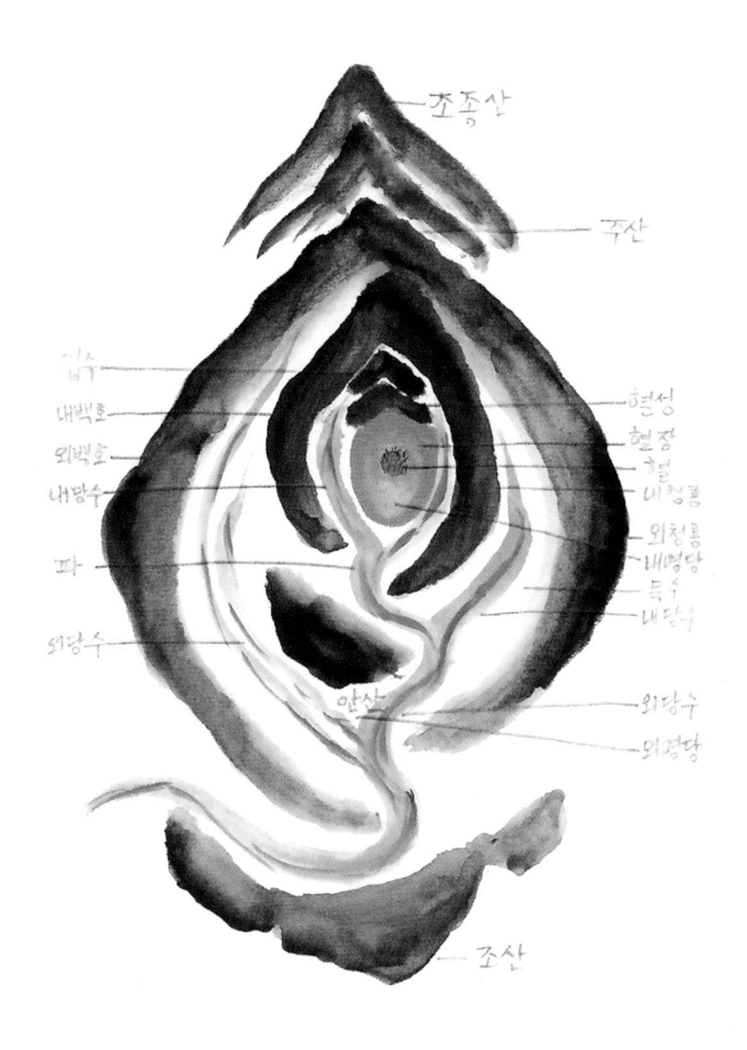

그림에서처럼 자기의 손을 감아쥐어 보자. 양택이든 음택이든 명당은 엄지와 검지 사이 움푹한 곳이다. 그 곳 양쪽 주변을 산이 둘러싸 세찬 외부의 바람을 감싸 안으며 재운다.

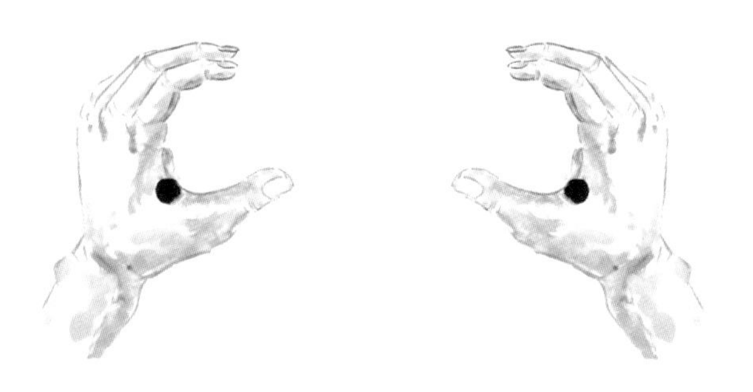

왼손 검지 쪽을 감아준 산을 좌청룡이라 하고 엄지 쪽을 감아준 산을 우백호라 한다.(오른손의 경우는 당연히 그 반대로 엄지 쪽이 좌청룡, 검지 쪽이 우백호가 된다.) 이때 좌청룡은 남자와 명예를, 우백호는 여자와 재물을 관장한다.

● **전순**氈脣 **/ 선익**蟬翼

모직물 전, 입술 순 / 매미 선, 날개 익

명당에 있는 봉분을 사람 얼굴의 코로 보았을 때 전순은 코 밑의 입술, 선익은 코 옆의 광대뼈에 해당된다 할 수 있다. 전순과 선익 모두 모양이 좋아야 한다.

풍수를 알려면 기氣를 느껴라

“자네가 지금부터 할 일은 기 훈련을 쌓는 것이네.”

스님은 내게 본격적으로 풍수가로서의 공부를 할 수 있는 길들을 알려주셨다.

“기를 배우는 의미는 무엇입니까?”

“예를 들자면 침을 맞을 때 정확한 경혈經穴에 놔야지 다른 곳에 꽂아야 전혀 도움이 되지 않는 것과 같은 원리지. 침 한 방으로도 치료가 가능하단 얘기 못 들어봤나?”

나는 그제야 이해가 갔다.

“예, 들어 봤습니다.”

“전체의 흐름을 파악하고 기감氣感을 느껴야만 혈점穴占을 찾을 수 있는 것이다. 바로 기가 모이는 그 혈점을 찾는 데에는 기의 훈련이 필요한 것일세.”

살아 있는 사람은 영혼과 육체가 같은 파장 즉, 같은 주파수를 띠게 된다. 일반적으로 사람은 그 사람만이 지닌 고유의 기가 있는데 그것이 바로 파장이며 주파수다. 목소리에도 그 사람 고유의 기가 묻어 있기 때문에 같은 말을 하더라도 목소리만으로도 당사자인지 아닌지를 알아차리는 것이다. 사람의 걸음걸이에도 고유의 걸음걸이가 있고, 각 사람마다 고유의 기가 있듯 무정물無情物 또한 나름대로 각자의 파장인 기를 내포하고 있는 것이다.

모든 존재는 기의 취산聚散, 즉 기가 모이고 흩어지는 현상에 따라 태어나고 사라진다. 기는 우주만물의 근원이다.

기는 쉽게 말하면 에너지라고 말할 수 있다. 우선 기라는 글자의 의미를 보면 기气는 하늘 즉 우주 공간을 뜻하고 그 속의 米는 사방팔방으로 퍼져나가는 기운을 뜻한다고 할 수 있다.

결국 기는 만물에 스며 있기도 하지만 우주공간에도 기로 가득 차 있다. 기를 파악하면 풍수의 절반 이상을 파악한 것이라 해도 지나치지 않는다.

"기에 대해 증명된 건 없습니까, 스님?"

나는 다시 질문을 하기 시작했다.

"역시 젊은 사람이라 과학적 근거를 묻는구먼. 산은 살아있는 생명체라고 파악하는 가이아 이론과 입자 물리학인 양자역학 등의 과학이 발전하면서 기에 대한 인식이 조금씩 바뀌고 있지. 이제는 땅과 사람을 분리해서 파악하는 것이 아닌 생명체와 땅 하늘 나무 물 등의 모든 물체는 상호 유기적인 통합의 개념으로 받아들이는 첫 발을 내딛고 있다고 말 할 수 있네."

스님의 해박한 지식에 감복하지 않을 수 없었다.

"스님은 어떻게 그리 많이 아십니까?"

"허, 그저 관심이 있다보니 공부를 좀 한 것뿐이네."

감기력感氣力이란 기를 감지하는 능력을 말한다. 형상을 보고 호랑이 모양이니 봉황 모양이니 금계포란형이니 하는 물형론은 허점이 많다. 핵심은 내기內氣를 보아야 한다. 땅속으로 흐르는 지기, 생기 등을 읽을 줄 알아야 진정한 풍수라고 할 수 있다.

무엇보다 산의 형세를 정확히 읽을 수 있으면 진맥을 하듯 정확하게 혈점을 잡을 수 있다는 것이다. 그것은 끊임없는 수련으로 가능하다며 스님은 내게 감기력을 쌓을 것에 대해 세밀히 일러 주셨다.

나는 손으로 기를 느낄 수 있는 연습에 몰두하기 시작했다. 기의 훈련은 풍수를 깊이 알기 위해서는 필수라는 스님의 말씀을 명심하고 있었기에 소홀히 할 수가 없었다. 특히 나는 묘의 봉분에서 시신의 상태를 감지하는 기 훈련을 집중적으로 하였다. 기 훈련이란 특별한 것이 아니다. 각 물체마다 고유의 파장이 있는데 수 없이 반복해서 손바닥에서 느껴지는 감을 머릿속에 입력시키는 것이다. 기가 가장 발달된 곳은 특히 손바닥이기 때문이다. 이렇게 계속해서 반복 연습하다 보면 눈을 감고도 그것이 어떤 상태의 무엇인지 알 수가 있다. 사람의 능력은 개발하고 키울수록 늘어난다.

스님은 또한 이론을 실제에 접목시켜서 보는 방법들을 알려 주셨다. 나는 나대로 풍수에 대한 고서적에 심취해서 틈만 나면 책읽기에 여념이 없었다. 그러다가 궁금증이 생기면 스님에게 질문을 하고, 스님은 내가 풍수에 깊이 빠져들고 있는 것이 대견스럽기라도 하신 듯 무엇이든 상세히 설명해주시곤 하셨다.

동양에서는 오래 전부터 삶과 죽음을 기의 흐름으로 보았다. 원래는 호흡을 하는 숨, 공기가 움직이는 바람을 뜻하는 가벼운 의미에서 시작하였으나 도가의 노자, 장자가 우주의 생성 변화를 기의 현상이라고 하는 데서부터 새로운 출발이 되었다.

중국의 한나라 시대에는 음양오행으로 기의 이론이 복잡하게 전개되면서 우주 자연의 운행, 천문, 지리 그리고 양생의학 및 길흉화복과 관련되는 일상생활에까지 기를 적용시켰다고 한다.

백두대간

우리나라는 1대간大幹 1정간正幹 13정맥正脈으로 구성15개의 산줄기를 이루고 10개의 큰 강이 핏줄을 이루고 있다.

1대간은 백두대간白頭大幹●이요, 1정간은 장백정간을 말한다.

13정맥은, 낭림산에서 나눠져 각각 청천강 남북을 달리는 청북정맥 청남정맥, 두류산에서 나와 화개산에서 나눠지는 해서정맥 임진북예성남정맥, 한강 북쪽으로 한북정맥, 그 밑으로 한강 남쪽이자 금강 북쪽의 한남금북정맥, 이 한남금북정맥이 속리산에서 나눠진 한남정맥 금북정맥, 영취산에서 나온 금남호남정맥, 이 금남호남정맥이 주화산에서 갈라져 금남정맥 호남정맥, 그리고 지리산에서 이어진 낙남정맥, 태백산에서 밑으로 쭉 뻗은 낙동정맥이 있다.

강으로는 두만강, 압록강, 청천강, 대동강, 예성강, 임진강, 한강, 금강, 섬진강, 낙동강이 있다며 스님은 일일이 이름을 열거하셨다.

나는 예전부터 산을 유별나게 좋아하여 등산을 즐겨 왔었다. 그런데 우리나라 산맥도를 따라가다 보면 강을 만나고 벌판을 만나 낭패를 보는 일이 종종 있었다. 산을 타는 사람들이 우리나라 산을 종주하다보면 당하는 수모였다. 이론적으로 말도 안 되는 얘기다. 산맥을 따라가는데 어떻게 강을 만날 수 있는 것인가.

산을 넘고 강을 건너며 배운 진리가 하나 있다. 강은 산을 넘지 못하고 산은 강을 건너지 못한다는 것이다. 산은 산대로 흘러가고 물은 물대로 흘러서 간다. 둘은 만나지 못하며 늘 이웃하고만 있는 것이 만고의 진리이다.

산악인들은 직접 능선을 따라 발로 답보하며 그린 능선도를 간직하고 다닌다. 그러면 정확하게 능선을 따라 곧 백두대간이나 정맥을 따라 길을 잃지 않고 갈 수 있다.

"우리는 풍수를 잃었듯 나라의 지도도 잃어버리고 지금까지 살아오고 있네. 딱한 일이지."

"예?"

막연하게나마 지도가 잘못 되었다고 생각했으나 지도를 잃어버린 나라라니.

"우리나라는 지도의 대국이었지. 자신의 나라 지도도 잃어버린 사람이 어찌 눈을 바로 뜨고 살 수 있는가! 그러면서 풍수는 틀리다고 미신화해 버리는 게 아쉽기만 하네."

"그게 무슨 말씀입니까 스님?"

질문을 하자 스님께서 김정호의 「대동여지도大東輿地圖」●에 대해 상세히 말씀해 주셨다.

우리 국토의 정확한 지도를 만들려고 애쓴 김정호의 「대동여지도」 발문에 산자분수령山自分水嶺이란 말이 있다. 이 말은 산과 물의 이치를 한마디로 극명하게 말해주고 있다. 분수령은 재에서 양쪽으로 길이 나뉘어져 두 지역을 구분시키듯 산을 기준으로 물이 양쪽으로 나뉜다는 것을 말한다. 다시 말하면 산줄기와 산줄기 사이에 물이 있고 물 사이에 산줄기가 있음을 말하는 것이다. 이것은 용맥의 흐름과 기세, 물의 방향과 수량 등을 다 읽어내야만 하는 풍수에서 아주 기본이 되는 개념이다.

"우리의 지도를 보게나. 산맥을 그리고 강을 그려보면 알게 될 거야. 산이 강을 건너고 강이 산맥을 지나가는 기이한 현상을 말일세. 초등학교 교재에서부터 대학교재에 이르기까지 동일한 오류를 답습하고 있는 것이지."

우리나라 지리학자들은 이런 기본적인 것도 확인 안하고 가르치고 있단 말인가. 부아가 치밀었다. 그래서 산행을 하다보면 강을 만나는 일이 벌어졌구나 싶었다.

"스님 그럼 산이 맞습니까, 강이 맞습니까?"

"강은 제대로 그려졌지. 산줄기의 표시가 제멋대로지."

"왜 그렇습니까?"

"강은 잘못 그려질 수가 없지, 물길 따라 그리면 되니까. 허지만 산은 혼동하고 있는 걸세. 지형이 아닌 지질을 기준으로 '산맥'이라는 개념을 세우다보니 그렇게 되었지. 예로부터 전해 내려오는 지도를 무시한 까닭인 게야. 자네도 「대동여지도」를 한번 보게나. 그러면 길을 잃을 리가 없고 풍수 공부를 할 때 마을과 도시가 어떻게 형성되었고 어느 곳이 좋은 터인가를 바로 이해할 수 있을 것이네."

풍수의 원리는 산과 물, 그리고 바람의 원리를 사람에게 적용시킨 학문이다. 이중에서 산과 물의 흐름을 그려낸 것이 순수한 지도다. 그리고 그것에 사람을 집어넣어 사람이 다니는 길과 모여 사는 곳을 그려 넣으면 지도가 완성되는 것이다. 지도는 비교적 간단한 원리로 되어 있다. 사람이 어떠한 곳에 모여 살고 그 사람들의 편의를 위해 길을 어떻게 내는가를 알 수 있다. 풍수는 왜 이러한 곳에 사람이 살고 지도에 표시된 산과 물에다 바람을 합쳐 이것들이 사람에게 어떠한 영향을 주는지를 밝혀내어 널리 사람에게 이롭게 한다는 것에 바탕을 두고 있는 것이다.

백두대간 종주 때 산줄기를 따라가다 보면 많은 나뭇가지로 복잡한 나무줄기라도 가지 끝에서 뿌리까지 이어지는 길은 하나뿐인 것처럼 어느 산에서 출발해도 결국은 백두대간을 만나게 된다.

내가 경험한 것에 의하면 일반지도로는 백두대간을 종주할 수 없다. 일반지도에는 산 표시만 있고 산의 줄기는 없기 때문이다. 지도에서 산줄기의 형세와 물의 위치 정도는 필수사항이다. 그러나 일반지도에는 이러한 것들이 전혀 표시되어 있지 않다.

산의 형세를 한눈에 파악할 수 있도록 제작된 것이 산줄기 그림이다. 이것이 곧 「대동여지도」이고 『산경표山經表』●라고 할 수 있다.

● **백두대간**白頭大幹

백두대간 정간 정맥 등의 용어는 18세기 이익의 「성호사설」, 이중환의 「택리지」 등에 나타나기 시작하여 「산경표」에서 정립되었다.

백두대간은 백두산에서 시작하여 금강산 설악산 태백산 소백산을 거쳐 지리산까지 이어지면서 국토의 골격을 형성하는 큰 산줄기이다. 산을 단절 고립된 봉우리로 보지 않고 우리나라 모든 산들이 백두산을 뿌리로 하여 가지와 줄기로 연결되는 것으로 이해하는 개념이다. 2005년 국토지리원은 이 개념에 따라 새로운 산맥지도를 발표했다.

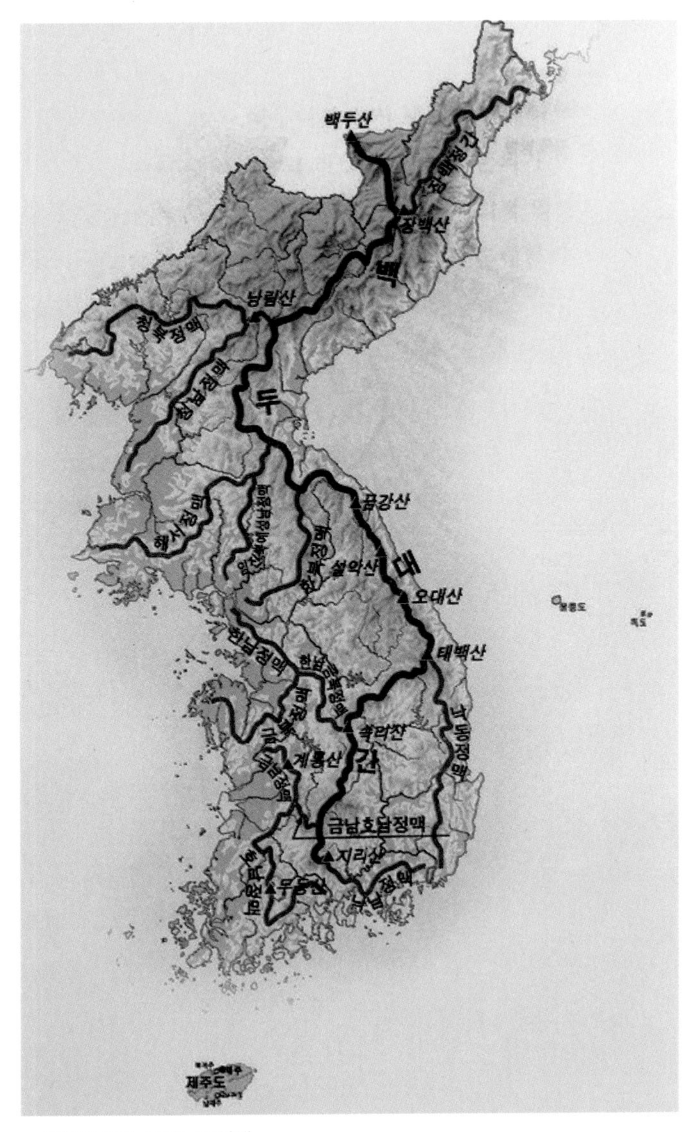

백두대간과 1정간 13정맥

● 「대동여지도大東輿地圖」

김정호金正浩(1804?~1866?)는 황해도 토산兎山에서 태어났으며 본관은 청도淸道, 호는 고산자古山子이다. 일생을 지리서와 정밀한 지도를 만드는 일에 바쳤다. 1834년 「청구도」, 1857년에 전국 채색 지도인 「동여도」를 거쳐 1861년(철종 12)에 「대동여지도」를 완성하여 간행하였다.

● 『산경표山經表』

『산경표』는 우리나라의 산줄기와 산들을 1개의 대간과 1개의 정간, 13개의 정맥으로 분류하여 일목요연하게 표로 나타낸 지리서다. 이는 지난 세월 우리가 사용해왔던 산맥 개념을 대신하는 매우 중요한 발견으로 여겨지고 있다.

『산경표』는 고지도 연구가이자 산악인이었던 고 이우형 선생에 의해 1980년대 초 서울 인사동 고서점에서 발견되었다(1913년 조선광문회 간행본). 『산경표』의 저술 시기는 1800년 무렵으로 추정되는데 저자는 분명히 알려져 있지 않다. 그러나 『산경표』가 신경준(1712~1781)이 편찬한 『산수고』와, 『동국문헌비고』 중의 「여지고」를 바탕으로 하여 작성된 것임은 분명하다고 한다.

『산경표』는 백두산을 시조로 하는 우리나라 산들의 족보인 셈이다. 책의 윗부분에 대간 정맥 등의 명칭을 가로로 표시하고, 그 아래에 세로로 산들의 갈래를 기록하였다. 표 밖의 상단에는 그 산이 속한 행정구역을 나타내었다.

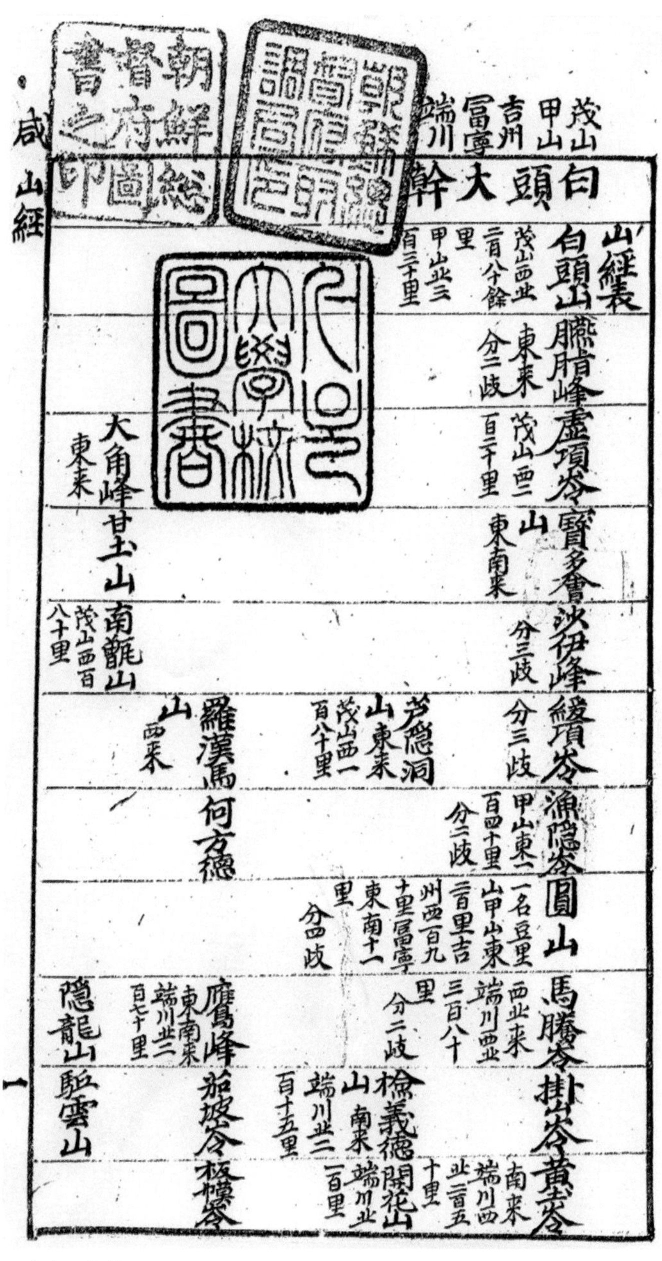

咸 山經

朝鮮總督府圖書之印

茂山 甲山 吉州 富寧 端川

白頭大幹

山經表

白頭山 茂山西北二百八十餘里 甲山北三百三十里

臙脂峰 東來 分二岐 虛項嶺 茂山西二百二十里 寶多會山 東南來 沙伊峰 分三岐 緩項嶺 分三岐 漁隱嶺 甲山東一百四十里 分二岐 圓山 一名豆里山 甲山東三百里 吉州西百九十里 富寧東南十一里 分四岐 馬騰嶺 西北來 端川西北三百八十里 分二岐 掛山嶺 黃土嶺 南來 端川西北二百五十里

大角峰 東來 甘土山 南龍山 茂山西百八十里

蘆隱洞山 東來 茂山西一百八十里

羅漢山 西來 馬何方德

檢義德山 南來 端川北二百里 閑花山 端川北三百十五里

鷹峰 東南來 端川北三百七十里 舫坡嶺 板幕嶺

隱龍山 驅雲山

산경표의 첫 부분

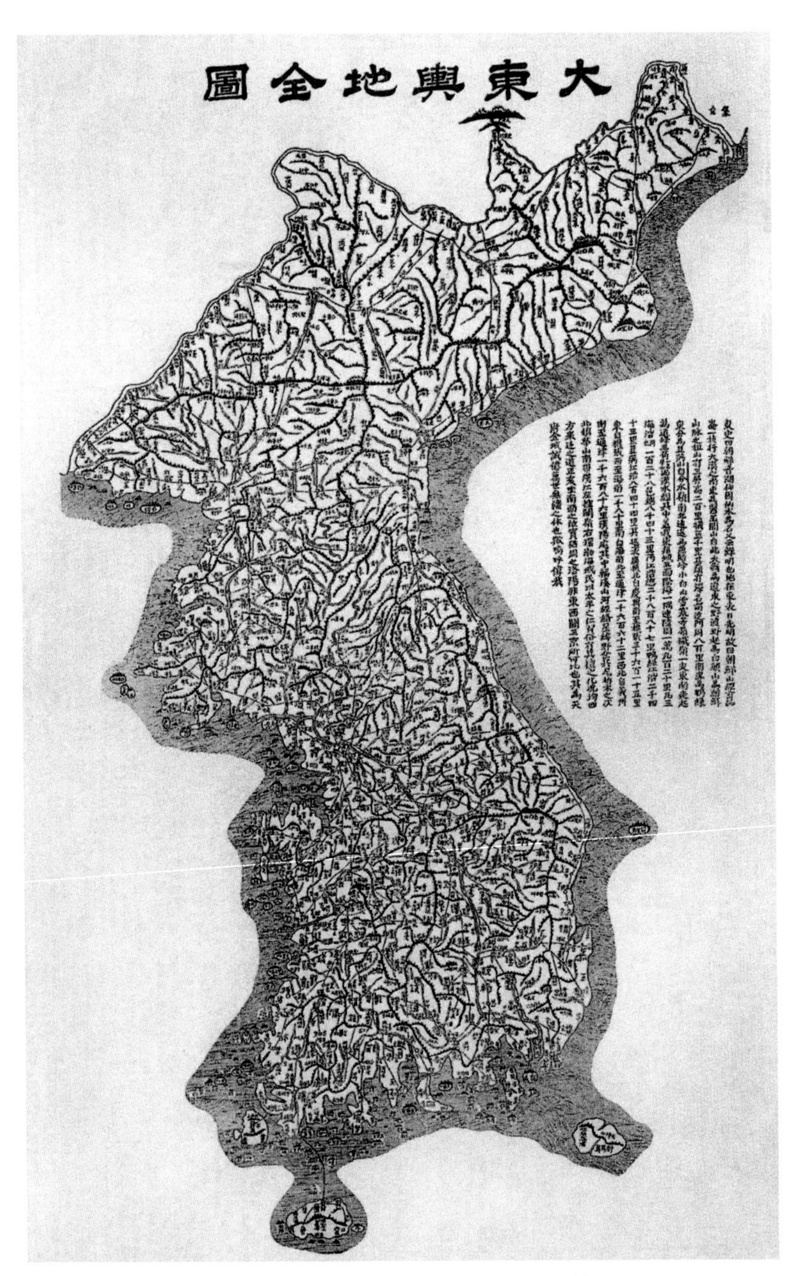

대동여지도 전도. 우측 한문 중 붉은 선 표시 부분에 '山自分水嶺'의 구절이 보인다.

음양오행에 따른 산의 형상

아침 공양을 끝내고 나면 스님과 나는 바람같이 산 속으로 올라갔다. 스님과의 산행에서는 전과는 달리 많은 것들을 느낄 수 있었다.

작은 미물 하나에도 생명의 소중함과 무정물, 유정물에 대한 경외심이 느껴지며 이 우주에서 사람만이 만물의 영장이라는 말이 무색해지곤 했다.

스님은 산의 중턱에 올라 전경이 좋은 곳에 자리를 잡으시고는 어제에 이어 산을 보는 법을 말씀하신다.

"산이 칼로 자른 듯이 한일 자 모양으로 고르면 큰 인물이 나오는 곳일세. 그런 모양을 토체土體● 또는 일자문성一字文星이라 하는데, 그런 모양이 있는 곳에선 관직을 갖되 한자리하는 인물이 나오지. 큰 관공서 앞이나 대학교에는 대대 일자문성이 있기 마련이지."

관악산은 화산火山이다. 화산은 촛불처럼 솟아있는 봉우리들이 겹쳐져 있는 것을 말하는데 그런 화산에 자리 잡은 서울대학교에도 일자문성은 크게 있다. 이름 있는 대학이나 관공서, 군부대 치고 일자문성이 없는 곳은 드물다. 그렇다고 일자문성이 흔한 것은 아니다.

"그 크기에도 영향이 있습니까?"

"그럼, 크고 장대할수록 그 힘도 크지."

스님과 나는 많은 질문과 답을 주거니 받거니 하며 계속 능선을 타고 올랐다.

하나의 산 흐름을 일컬을 때 혈장 위에서 흘러 내려온 산들을 혈장의 조상이라는 뜻으로 조종산祖宗山이라고 한다. 혈장 바로 위의 산이 앞서 말한 현무이며 주산 또는 부모산이다.

"안산은 내 주위 사람들을 말하는 것으로 부드러우면 주위의 사람들이 도와주고 착한 사람들을 만나지만 안산이 거칠고 보기 흉하면 깡패나, 사기꾼 같은 그런 사람들이 주위에 끓는다네. 규봉은 뒷산이 조금만 보이는 것을 말하는데 흔히 풍수용어로 날름거린다고 하지. 규봉이 보이는 자리는 구설수에 오르게 되고 모양에 따라 도둑을 맞기도 하지."

한 두 집이 아닌 수 십, 수 백 집이 같은 공통점을 가졌다는 점에서 상당한 근거가 있는 진정 무서운 학문이었다.

"그럼 그러한 구분은 어떻게 합니까?"

"그것은 오로지 많은 경험과 직감이지. 자넨 형국에 매달리지 말고 순수한 마음으로 바라보는 훈련을 쌓아야 하네."

"예, 스님."

산의 형상을 어떻게 구분해야 한다는 공식은 없지만 일반적으로 동양적인 사고체계가 오행을 기본으로 하고 있어서 그것에 맞춰서 얘기한다.

화火는 불, 수水는 물, 목木은 나무, 금金은 쇠, 토土는 흙이다. 이에 별 성星 자를 붙이면 화성, 수성, 금성, 목성, 토성이 된다. 또한 산山 자를 붙이면 화산, 수산, 금산, 목산, 토산이 된다.

화산은 촛불을 여러 개 켜 놓은 형상을 말한다. 화산의 그 대표적인 산은 서울의 관악산으로 화재를 일으킨다고 해서 광화문 앞에 불을 먹는다는 해태상을 세우고 연못을 만들기도 했다.

수산은 부드러운 여울물이 출렁거리는 모양이다. 여러 개의 봉우리가 연결되어 있는 것이 특징이다. 본래 산은 두 개 이상이 모여 있으면 기운이 분산되어 좋지 않게 생각한다.

목산은 피라미드와 비슷한 산을 말한다. 이것은 문필봉文筆峰●이라고 해서 학자나 관직을 갖는 사람을 많이 배출하여 좋은 산에 속한다. 청와대의 주산인 북악산도 이에 속한다. 어느 풍수사는 청와대가 기맥을 압박하고 있어 국가 발전의 장애 요인이 되고 있다고 하기도 해서 미움을 사기도 했다 한다. 북악산은 그 모습이 독봉獨峰으로 이루어져 있어서 독재자나 강한 카리스마를 가진 대통령을 만들어 낼 수밖에 없다는 것이 나의 견해이다.

또한 금산은 초가지붕을 떠올리면 된다. 부봉富峰●이라고도 부른다. 이것이 우백호에 붙어 있으면 큰 부자를 만들기도 한다.

마지막으로 토산은 가장 안정되고 균형 있는 산으로 사다리꼴 형상의 산을 말한다. 다시 설명하면 피라미드에서 윗부분을 잘라낸 형상이다. 역시 큰 인물을 배출한다. 이를 일자문성이라고 하는데 충북 진천의 김유신 장군의 생가 터에도 우측으로 보면 뚜렷이 보이고 장군이 살았던 경주의 집에서도 일자문성이 있다. 일자문성이나 토체土體는 군수 이상, 시장, 고급 공무원 등 정치하는 사람들을 배출하며 명예를 관장한다.

● **토체**土體 **문필봉**文筆峰 **부봉**富峰

토체는 아래 그림 중 토형산을, 문필봉은 목형산을, 부봉은 금형산을 말한다. 토체는 정치인을, 문필봉은 학자나 관료를, 부봉은 부자를 배출한다. 모양을 혼동하지 않아야 한다.

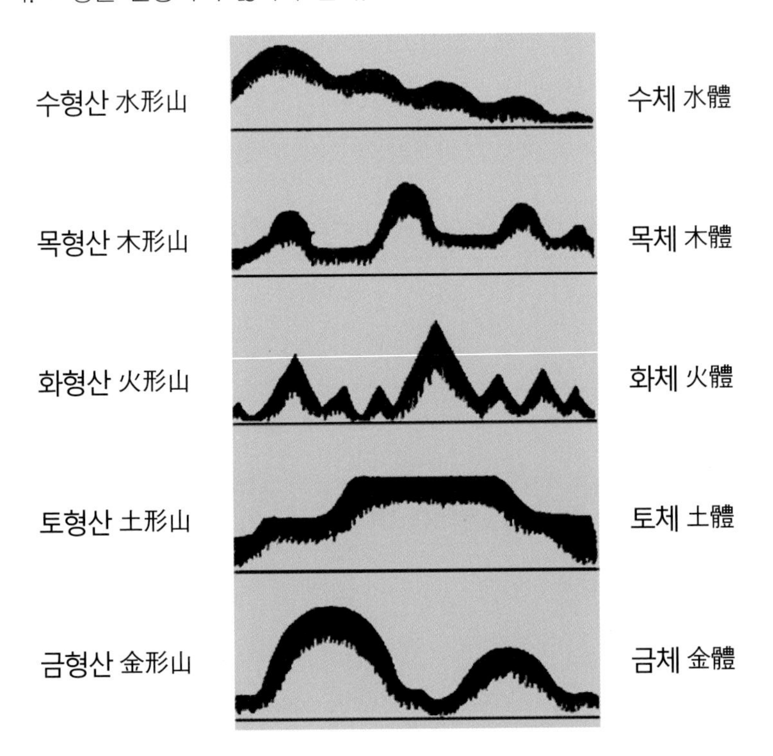

사람의 운명과 생명은 산에서 나온다

생명체는 그가 생존하고 있는 곳의 자연환경의 영향을 받으면서 쇠퇴하거나 소멸하여 진화, 발전을 계속하고 있다. 우리들 인간 또한 역시 생명체이므로 자연환경 에너지의 영향에서 예외일 수가 없다.

인걸人傑은 지령地靈이란 말이 있다. 땅의 영기靈氣가 훌륭한 사람을 낳는다는 말이다. 이 말은 『설심부雪心賦』●라는 책에 나오는 말이다. 이 말처럼 사람의 운명과 생명은 분명히 산에서 온다.

산은 크게 입체立體구조형, 판板구조형, 선線구조형의 세 형태로 나눌 수 있다. 입체구조형은 네팔, 부탄의 히말라야나 우리나라의 설악산 같은 산으로 하늘로 치솟은 산이며, 판구조형은 만주벌판 그리고 미국, 아르헨티나 같은 넓은 평야지역으로 우리나라로 말하면 제주도나 김해평야 같은 지대를 말한다. 또 선구조형은 나무줄기를 생각하면 이해가 빠르다. 뿌리에서 뻗어 오른 줄기가 가지를 쳐 나가는 모양을 생각하면 된다.

산악이 험하고 높은 수직으로 상승된 입체구조형 산세에서는 땅 에너지의 흐름이 멈춰 있거나 상승하여 산의 기를 더 많이 받을 듯하지만 반대의 현상이 나오고 있는 것을 확인할 수 있다. 그래서 큰 인물은 고산지대에선 드물다.

명산名山에 명당明堂없다는 말이 있다. 명산은 생기가 하늘로 솟아 명당자리가 없다. 그리고 산의 기운이 너무 강하면 감당할 수 없다. 큰 산의 정상 부분의 혈에다 음택을 쓰면 바로 재앙이 온다. 기가 흐를 수 있는 산은 사람들이 생활하는 공간과 친화력을 줄 수 있는 적당한 높이의 마을의 동산 같은 산이 좋은 것이다. 그런 산에서 산의 기운이 순조롭고 부드럽게 전해진다.

판구조형의 평야지대는 땅 에너지가 평평하고 고루 퍼져 있어서 취기, 응축, 집합 현상이 일어나지 않는다. 이러한 곳에서는 농산물 또한 맛과 영양 면에서 떨어지는 것을 확인할 수 있다. 같은 종자로 재배한 인삼도 중국산과 우리나라에서 생산한 인삼의 효능은 10배나 차이가 난다고 하는 것이 반증해 주고 있다.

또한 판구조형 지형에서는 땅 에너지의 집합과 응축이 일어나지 않기 때문에 사람의 시신을 매장하면 빨리 썩어버린다. 특히나 일본은 다른 대륙의 판구조와는 달리 화산폭발로 형성된 땅이 많기 때문에 산화토가 많아서 사람의 시신을 매장하면 더욱 빨리 썩어버린다. 이런 땅은 자연생명에너지의 집합과 응축이 일어나지 않고 오히려 유골에서 간섭에너지가 발산되어 자손들에게 피해를 보게 된다.

예부터 일본은 양택, 조선은 음택이란 말이 전해지고 있는데 일본인들은 자기네 나라 땅의 기운을 잘 파악하고 있으므로 매장을 해서 간섭에너지를 받느니 화장을 해서 납골당에 잘 보존하고 대신 양택에 대한 연구를 활발히 하여 국토풍수로 발전시켰다.

산의 지형에 따라 사람의 심성도 좌우된다. 살고 있는 터의 자연환경 조건이 그 민족의 신체적 조건과 민족성을 형성하게 되는 것이다. 더구나 우리나라처럼 산이 가지가 나뉘면서 산과 산이 능선으로 이어져있는 선구조 산세지형에서는 자연환경 에너지의 영향이 더욱 확연하게 나타난다.

선구조 산세지형의 사람의 특성은 자연생명에너지의 집합과 응축에 의한 양호한 자연생명에너지의 동조 작용으로 생명체 능력이 극대화되었기 때문에 지혜와 능력이 우수하다. 또한 혈장의 조건이 제대로 갖춰진 조상의 혈장에서는 자손을 출생시키고 그와 동일한 양호한 환원생명에너지가 자손에게 동조하기 때문에 지도력이 특출한 전인적全人的 인재가 출생한다. 반대로 조상 묘지의 자연 환경 조건이 나쁘다거나 살고 있는 양택의 자연 환경적인 조건이 나쁘면 지나치게 이기적이고 파당적이고 적대적인 심성의 사람이 나오게 된다.

일본 같은 판구조 산세지형의 사람들은 전체가 살아야 나도 산다는 의식이 강하지만 선구조 산세지형의 사람들은 내가 살아야 전체가 산다는 의식이 강하다.

음식물도 선구조 산세지형에서는 자연생명에너지의 집합, 응축하는 특성 때문에 영양가가 높을뿐더러 맛도 좋다. 중국의 판구조 산세지형에서 생산되어 우리나라에 들어오는 농축산물과 비교해 보면 그 월등함을 알 수 있을 것이다.

물론 이들 구조체가 같은 나라에 섞여 있기도 하다. 우리나라 제주도도 대부분 판구조 지형으로 형성되어있으며 선구조형으로 되어있는 경상도와 전라도, 그리고 입체구조인 강원도를 다니다보면 지형에 따른 사람들의 심성을 느낄 수 있다.

우리 국토가 선구조 산세지형의 특성에 따라 산과 골짜기가 분명한 것처럼 우리 민족도 예로부터 감정의 표출이 분명하고 자기주장이 강하며 공명심도 강하고 정신적 갈등과 이기심도 강하다. 또한 산이 가지를 쳐 따로따로 에너지 장을 형성하듯이 파당과 분당을 하여 나라 전체가 조화를 이루는 데는 어려움이 많다.

이러한 단점들을 보완해서 에너지장의 안쪽에 삶터나 묘 터를 선택하면 개선된다. 에너지장 안쪽의 자연생명에너지는 좋은 기로 가득 차서 인간생명체에 동조하기 때문에 사람의 인성이 원만해진다. 그러나 에너지장의 바깥쪽에는 자연생명에너지가 분산되고 불안정하여 인간의 생명체에 간섭하기 때문에 인간의 성품도 불안정하고 거칠어질 수밖에 없다. 에너지장의 바깥쪽에다 마을이나 묘를 만들면 나쁜 면이 더욱 강하게 나타나 나라의 운영에 방해 요소가 된다.

우리나라는 이처럼 산세지형의 조건에 따른 선악의 차이가 크기 때문에 체질, 성품 등의 형성에도 근원적인 영향을 받고 있다. 이것은 우리의 후손에게도 영원히 이어져 나갈 것이므로 음택과 양택을 가려잡는 일이 다른 나라보다 중요하다.

● 『설심부雪心賦』

地靈人傑 化氣形生 지령인걸 화기형생

땅의 영기로 사람이 뛰어나게 되며 승화된 기운으로 형체가 생긴다.

설심부는 당나라때 복응천卜應天의 저서로, 산천형세의 모양새에 따라서 사람의 길흉화복을 설명한 형기론形氣論의 원전격인 책이다.

중국의 풍수 이론은 3세기경 중국 한나라때 청오자의 『청오경』과 4세기경 중국 동진 때 곽박의 『금낭경』 이후로 당나라 때에 와서 복응천의 『설심부』로 대표되는 형기形氣풍수와, 양균송의 『청낭오어青囊奧語』및 『감룡경憾龍經』으로 대표되는 이기理氣풍수로 나눠졌다.

그 둘을 간략히 구별하자면 산수의 외적인 모양으로 길흉을 판단하는 것이 형기론이고, 방위와 시간 등의 음양오행 작용을 살펴 길흉을 논하는 것이 이기론이다. 비유컨대 사람의 운수를 살필 때, 관상을 직접 보고 판단하는 것을 형기라고 한다면, 그 사람의 사주팔자를 가지고 판단하는 것은 이기라 할 수 있겠다.

풍수지리는 용龍 혈穴 사砂 수水 향向을 5대 요소로 꼽고 있다. 형기[龍穴 砂 水]로 산수의 형세를 살펴 자리를 잡고, 이기[向]로 방향과 배치를 정하는 것은 서로 별개일 수 없다. 당연히 종합되어야 한다.

음택을 보면 양택을 알 수 있다

사람이 흔히 쓰는 말 가운데 골로 간다는 말이 있다. 그 원래의 뜻은 풍수에서 나온 말인데, 양택이나 음택 모두 골짜기에다 쓰면 집안이 풍비박산이 나서 몇 년 안에 그 집안은 몰락하고 만다. 노력만이 전부가 아니란 걸 풍수를 알게 되면서 무섭게 느끼게 되었다. 운명이란 것이 조금씩 보이기 시작한 것이다. 사람은 누구나 타고 난 운명대로 산다. 풍수지리를 터득하고, 사람들이 살아가고 있는 집을 보면 그 사람의 인생이 보인다. 세상에 보이지 않는 진실을 알아야 더 많은 부분을 알 수 있다. 음택을 보면 양택을 알 수가 있는 것이다.

지리산의 골짜기는 깊다. 한여름에도 더위를 느끼지 않을 만큼 시원했으며 아침저녁으로 서늘하게 느껴졌다. 골짜기를 벗어나자 평지와 더불어 마을이 보이기 시작하자 스님은 설명을 하기 시작했다.

"자, 여기서 산세를 살펴보게나, 어느 산의 주기主氣를 받고 있는가?"

"저 산입니다."

큰 줄기로 힘차게 뻗어 내려온 산줄기를 가리켰다.

"이젠 제법이구먼. 저 용맥龍脈의 뿌리를 조산祖山이라 하고 그 산은 삼봉산이네. 용맥이 감고 돌면 그 주변 산들도 따라 함께 감고 돌지. 자 보게나."

정말 그랬다. 주변 산줄기도 같은 방향으로 감싸고 있었다.

"산도 격이 있거늘, 작은 산줄기들이 큰 산을 따라 돌고 큰 산에 순응하고 있는 듯 보이지 않는가!"

"예, 그렇군요. 스님."

"산을 살아있는 생명으로 보아야 훌륭한 지사가 될 수 있는 것이네. 그럼 다시 이 마을을 감고 있는 좌청룡과 우백호를 보세."

"좌청룡과 우백호가 그리 크지는 않고 우백호는 더욱 약한 듯합니다."

"안산은 어떠한가?"

"아담한 것이 안산은 아주 좋습니다."

"그럼 이번에는 득수得水에 대해 알아보도록 하지."

"예."

"이 마을을 흐르고 있는 물을 설명해 보게나."

"혈맥이 흘러가는 방향으로 물이 함께 가고 있습니다."

"그것을 산수동거山水同居라 하는 것이네. 혈장 앞이나 동네 앞에서 활처럼 감아 도는 물을 만궁수彎弓水라 하고 마을이나 동네를 향하여 오는 물을 내수來水, 마을을 등지고 흘러가는 물은 거수去水라고 하지."

"또 구불구불 흐르면 곡수曲水, 곧게 흐르면 직수直水라고 하지요?"

"잘 알고 있구먼."

"그런데 스님, 여름엔 물이 흐르고 겨울엔 물이 흐르지 않는 것을 어떻게 해석해야 합니까?"

"좋은 질문이네. 풍수에선 골짜기를 물로 본다. 물이 흐르지 않아도 득수로 본다."

스님은 잠시 멈춰 서더니 산 능선 아래 우측에 있는 산소를 가리켰다.

"저기 보이는 저 첫 번째 산소를 보게."

"예?"

무슨 의미인지 몰라 스님을 다시 한 번 쳐다보았다.

"저 묘지의 주인을 찾아보게나, 내가 얘기하는 것과 일치하는가 보란 말일세."

문득, 스님이 하산하면서 실험을 해보자고 하신 게 바로 이거구나 싶었다.

"저 묘의 주인은 아들이 없고 젊어서 죽었을 것일세. 그리고 딸만 하나 있는데 이혼해서 어렵게 살고 있을 게고, 부인되는 사람도 생활은 펴지 못하고 근근이 살고 있을 게야."

"예."

대답은 해 놓고 어안이 벙벙했다. 묘를 보고서 남의 집안 얘기를 잘 알고 지낸 사람처럼 얘기하고 계시니 말이다.

"저 묘 주인이 이 마을에 산다면 저 곳에 살고 있을 것이네."

"……"

나는 대답도 하지 못하고 스님을 바라보았다.

"내 뭐라 했는가, 음택을 보면 그 묘 주인의 양택을 알 수 있다고 하지 않았는가!"

"……"

"그리 있지 말고 나는 천천히 내려갈 테니 자네가 먼저 확인해 보게.”

“어디부터 가면 됩니까?”

“먼저 동네 이장한테 물어보고 내가 얘기한 곳으로 가면 되질 않나.”

나는 스님의 지시대로 마을을 향해 뛰어 내려갔다. 참 무모한 짓을 하고 있구나 하는 생각도 들었다. 약 30여 호가 옹기종기 모여 살고 있는 전형적인 산골마을은 생각보다 멀었다.

이장 집을 찾아 스님이 본 묘 주인을 물었다. 이장은 사십대의 농부였는데 묘 주인을 물으니 이상한 젊은이라고 여기는 눈빛에 얼른 오게 된 사실을 말했다.

“사실은 제가 풍수지리를 공부하는 사람인데 제가 배운 것과 맞는가를 확인해보러 왔습니다.”

그제야 이장은 나를 바라보던 경계의 눈초리를 거두었다. 그리고는 나를 한 번 훑어 본 후 말을 꺼냈다.

“무엇이 알고 싶은 게요?”

퉁명스런 말투였다. 나는 개의치 않고 스님에게 들은 바를 그대로 얘기했다.

“저 묘의 주인은 딸이 하나 있고 젊어서 일찍 죽었습니까?”

“딸이 있긴 하나 삶이 어렵고 저 묘의 주인은 사람구실 제대로 못 하면서 마누라 깨나 들볶더니 죽은 지 5,6년 되지 아마.”

“그리고 그 딸은 이혼했습니까?”

이장의 눈빛이 조금은 부드러워지면서 호기심으로 바뀌기 시작했다.

"딸이 친정집을 제집 드나들 듯 드나들었네. 어떤 날은 눈이 퉁퉁 부어서 애를 업고 와서 몇 달씩 있는 날도 있었네. 지금은 죽어 저기 저렇게 묻혀 마음이 편한지 모르겠네. 지금은 이사를 갔는데… 헌데, 그걸 어떻게 알았나?"

나는 묘한 기분에 얼떨떨했다.

"아, 예 이제 막 배우는 중입니다. 그 분이 살던 집이 어딥니까?"

"저기 보이잖나, 왼쪽 모퉁이 집."

이장은 마당 끝에 서서 친절하게 일러주었지만 의아한 표정은 가시지 않아보였다. 그 집은 정확하게 스님이 가리킨 집이었다. 이장에게 고맙다는 인사를 하고 얼른 자리를 떴다.

저녁공양 후 스님과 차를 마시며 못다 한 이야기를 하였다.

"스님 정말 신기하고 또 신기합니다."

"풍수는 어렵고 신비한 학문이 아니라고 누차 일렀건만."

"저도 빨리 산안山眼이 열렸으면 좋겠습니다."

"성급하긴… 자, 그럼 아까 본 자리를 떠올려 보게나."

나는 가만히 산의 형세를 떠올렸다. 좌청룡은 생기다 말았고 거칠었다. 그리고 우백호는 높고 낮음이 크고 스님이 표현대로 하면 오른쪽으로 달아나 있었다. 다른 것은 정확히 기억나지 않았다. 안산이 혈장과 비교해 좀 높았던 것 같았다.

"좌청룡이 허약하면서 잘렸고 우백호는 출렁거리며 달아났습니다."

"제대로 보았구먼. 그럼 혈장은 제 위치에 자리한 것 같은가?"

"오른쪽 중턱에 자리 잡아 불안해 보였습니다."

나는 나름대로 본 것에 대해 말씀 드렸다.

"그럼 원인을 찾아보도록 하지."

스님은 어떤 부분에서 얘기를 하나 생각하는 눈치셨다.

"좌청룡은 무엇을 말한다고 했나?"

"명예와 권력, 그리고 남자를 상징한다고 했습니다."

"헌데, 자세히 보면 좌청룡이 생기다 말았고 용맥은 안으로 감아 주어야하는데 빠져나갔으므로 어느 하나도 건질 수가 없는 것이지."

"예, 그렇군요. 스님."

"우백호는 돈과 여자를 상징하는 것인데 우백호도 마찬가지로 출렁거리며 돌아나가니 얻을 것이 없고 집안의 여성들이 품행이 좋지 않고 돈 없고 이혼을 할 수밖에 없는 것이지."

정말 말 그대로 맞아 떨어졌다.

"생기를 받을 수 있는 용맥에서 비껴난 곳이나 하단부에 쓰인 묘의 주인은 자식이 없고 제명에 죽지 못한 사람들이네. 제명에 죽지 못한 사람은 한결같이 맥의 중심에 벗어나 있지."

"그렇다면 스님, 살아온 대로 묻힌단 말입니까?"

"그렇지. 한 생명의 살아온 업과 음택과 양택의 삼각관계는 깊다네. 그래서 음택을 보면 양택을 알 수 있고 양택을 보면 음택을 알 수 있는 것이지. 풍수가 미신으로 치부되어 온 것은 이 무서운 진실을 파악하지 못한 지사들이 정확하지 않는 능력으로 음택과 양택을 잡아 주었기 때문인 것이네. 정확한 혈을 잡아주는 것이 지사의 일이지. 산 공부 3년이면 혈을 잡는 공부는 7년이라 하지 않던가. 그만큼 혈을 찾아내는 일이 풍수에서는 어렵고도 중요한 일이네."

할 말이 없었다. 전혀 새로운 사실, 그러나 나를 위해 실시한 실험 정확하게 맞아떨어지지 않는가. 의심할 수 없는 진실 앞에 나는 망연했다. 교과서처럼 묘지자리를 보고 짚어내면 되는 것이다.

내 눈에는 아직 보이지 않지만 볼 수 있는 능력을 기르면 다 할 수 있다는 스님의 얘기가 귀에 쟁쟁하다.

내가 살아온 날들 그 하나하나가 업이 되어 죽어 묻힐 자리가 정해지고 그 자식들은 운명을 받고 태어난다는 믿을 수 없으나 믿어야 하는 것이 지금의 현실인 것이다.

음택의 영향이 양택보다 몇 배나 강하다. 음택에서 오는 환원에너지는 심적 변화를 주어 그 영향으로 비슷한 형태의 양택을 선택한다. 그래서 음택을 보면 양택을 알아 낼 수 있는 것이다. 음택을 보는 것은 기의 흐름을 보는 것이다. 산이 깨졌으면 그 부분에 문제가 생길 것이라는 것이다. 예를 들어 선익의 윗부분이 깨졌다면 그 부분에 해당하는 후손이 문제가 생기는 것이다.

풍수는 세 가지를 잘 할 수 있어야 마무리된다고 스님께서 말씀하셨다.

첫째, 사람은 지은 업대로 묻히는데 그 업의 내용을 읽는 법

둘째, 기의 흐름을 읽는 법

셋째, 음택과 양택의 연관성을 읽는 법

음택과 양택을 보고 개인의 운명은 물론 그 집안 자손들의 신체적인 이상까지 확인할 수 있는 풍수지리는 신비한 학문이 아닌 자연과

학이다. 그것은 일반인도 풍수이론과 산세를 보는 공부를 하면 누구나 알아맞힐 수 있다.

이름난 지사나 풍수가들이 신선이나 도인같은 행세를 하고 일반인이 근접할 수 없다고 말하는 것은 자신들의 성역을 지키기 위한 허세일 뿐이다.

음택을 선택하기 위해, 수맥여부를 확인하기 위해 측정 기계를 동원하거나 버드나무 또는 추를 동원하는 것으로는 부족하다. 아주 작은 양의 물도 감지할 수 있어야만 음택을 제대로 감정할 수 있는 것이다. 그것은 기의 훈련에 의한 탐지라야 미량의 물까지도 알아낼 수 있는 것이다. 능력 없는 지관이 묘 자리를 잡아주는 것은 도둑질이나 강도짓보다도 나쁜 일이다. 산소자리와 시신의 상태를 제대로 파악하고, 나쁜 업의 영향력을 차단하며 그것을 새로운 업으로 바꾸어 주는 사람이, 나 같은 땅을 관할하는 지사인 것이다.

풍수는 벼슬이나 부귀영화를 위해서 필요한 학문이 아니라 건강하고 바람직한 생활을 위해서 꼭 필요한 학문이다.

의사는 생명을 다루고 지사는 운명을 다룬다

산의 형세와 혈장의 모습이 사람의 운명을 바꾼다. 이 자연으로부터 정해진 운명을 바꾸어 주는 일을 하는 사람을 지관 또는 지사라고 한다.

훌륭한 지사를 만나는 일은 자신이 덕을 쌓거나 주변에 어질고 착한 사람이 있어야만 가능하다고 한다.

"지사의 역할은 사람의 운명을 바꾸어 주는 것일세."

"사람의 운명을 바꾸어 준다구요?"

"그렇게 말할 수 있지. 선조의 묘지를 다시 제대로 써서 거지 팔자인 사람을 부자로 만들 수 있다면 운명을 바꾼다고 할 수 있는 게지."

"아, 예. 그럼 의사가 생명을 다룬다면 지사는 운명을 다룬다는 얘기군요."

"그래, 정확한 표현이로군."

"스님, 업대로 살고 업대로 묻히는 법이라고 하셨잖습니까?"

"그렇네만……."

"지사가 사람의 운명을 바꾼다면 천리를 어기는 게 아닙니까?"

"그럴 수도 있지."

"그렇다면 하늘의 뜻을 어기는 것이 잘못된 거 아닙니까?"

나는 따지는 투로 물었지만 스님은 태연자약하셨다.

"평생에 좋은 지사를 만나기란 선업을 많이 쌓은 후에야 가능하지. 그리고 지사라고 아무에게나 명당을 잡아줄 수 있는 것이 아니지."

"어째서요?"

"명성 높은 지사라고 해서 명당을 함부로 잡아 줄 수 있는 것이 아닌 게야. 아무리 권력과 돈이 있는 사람이 명지사를 만났다 하더라도 그 사람의 자리가 아니면 명당을 차지 할 수 없는 것이네."

"……."

"기가 약한 지사가 묘지 자릴 잘 못 써주면 심한 경우 지사 자신이 죽기까지 하지."

"알수록 무섭군요."

스님은 내게 지사에 얽힌 옛이야기를 해 주셨다. 나는 그 재미에 차가 다 식는 줄도 모를 지경이었다.

조선 시대 인조 때 이의신이라는 사람의 이야기가 흥미롭다. 그는 전라도 광주 출신의 이름난 지사였는데 한양의 지기가 쇠하였음을 이유로 도읍을 교하로 옮길 것을 왕 광해군에게 전하고 허락까지 받았으나 예조판서인 이항복 등과 대신들의 반대에 뜻을 이루지 못했다.

그런데 이의신은 어머니가 돌아가시자 질척질척 물이 나오는 곳에 묘지 자리를 잡았다. 주위 사람들이 어찌된 영문이냐고 묻자 그는 어머니가 자식에 대한 도리를 다 하지 못했으니 이만하면 좋은 자리라고 했다. 사람들은 그를 두고 천하의 불효자식이라고 욕을 했다고 한다.

그 후 3년이 지나자 어느 날 갑자기 이의신은 어머니 산소를 이장하였다. 그런데 지난번과는 달리 막상 이장하는 날에는 삽질 한 번 곡괭이질 한 번에도 조심스럽게 했다고 한다.

그런데 천관을 하려는 찰나에 어디선가 초립동이가 나타나 정중히 인사하고 말하는 것이었다.

"지금 사또께서 지나시다가 높으신 선생님께서 모친의 장지를 닦고 계신다기에 한 번 뵙고 가르침을 받았으면 해서 저를 보냈습니다."

이 말을 듣고 이의신은 하필이면 지금이 제일 중요한 시간인데 어찌할까 망설이다가 이제 곧 암반이 나올 테니 조심하라고 당부를 하고 초립동이를 따라 나섰다. 조금 걸어가자 초립동이가 보이질 않았다. '아이고, 무엇이 잘못 되었구나!' 하고 급히 돌아오는 순간 한 인부의 곡괭이가 땅에 닿았는가 싶었는데 펑 소리와 함께 안개가 피어올랐다. 그리고 안개 속에서 한 마리 새가 날아갔다. 그 자리는 왕후장상이 배출된다는 금계포란형의 명당자리였다는 것이다. 이의신은 하늘이 내 일을 막으니 사람의 지혜로 어찌 하겠느냐고 한탄하며 서둘러 이장을 마무리하고는 사라져 버렸다고 한다.

공동묘지는 나의 애인

공동묘지가 개발된다고 하면 나는 배낭하나 둘러메고 열흘이건 한 달이건 그 곳에서 살다시피 했다. 그곳이 내게는 살아 있는 교육장이기 때문이다. 공동묘지에 있더라도 산의 맥을 잘 탄 산소는 우선 보기에도 좋고 그 주변이 편안해 보인다. 이런 산소의 자손들은 인생의 굴곡이 별로 없이 윤택한 생활을 하며 살고 있고 때마다 잊지 않고 성묘하러 온다.

반대로 골에 위치한 산소의 자손들은 집안에 우환이 끊이질 않고 삶이 평탄치 않으므로 조상의 산소 한번 다녀가기가 어렵게 된다.

그래서 나는 좋은 산소 터와 나쁜 산소 터의 기감氣感을 알아보기 위해 공동묘지 개발을 할 때 시신을 빼 가면 그 속에서 며칠씩 잠을 자보기 일쑤였다.

좋은 산소 터에서 잠을 자고 나면 새벽에 기운이 상쾌하고 몸이 무척 개운하며 남자의 상징물이 벌떡 일어선다. 반면 나쁜 산소 터에서 잠을 자고 나면 아침이 되어도 몸이 찌뿌듯하며 기운이 없고 움직이고 싶은 마음이 별로 없음을 느낀다. 명당과 골의 확실한 체험을 하는 것이다.

이렇게 수없이 묘지들을 찾아다니다 보니 어느새 묘지들은 애인처럼 사랑스럽게 보인다. 골에 묻혔거나 맥을 타지 못한 산소들을 보면 연민의 마음이 들어 안타깝게 여겨진다. 분명 저런 곳의 자손들은 열심히 살려고 아무리 노력을 해도 그 노력한 것만큼 성과가 없기 때문이다.

옛말에 '잘 되면 내 탓, 안 되면 조상 탓'이란 말이 있는데 그 말보다 잘 돼도 못돼도 모두 조상 탓이라고 나는 주장한다. 그만큼 조상의 묘에서 자손에게 오는 환원에너지는 엄청난 것이기 때문이다.

그 시절 인간의 삶과 죽음을 토대로 나의 학문은 일취월장해 가고 있던 반면 내가 살던 고향의 동네사람들이나 친구들은 나를 미친 녀석 취급을 하였다. 20대 초반 한창 여자가 좋고 친구가 좋아 몰려다니며 놀기 좋을 시기인데 나는 그 행렬에 끼지 못하고 일주일에 사흘이 멀다 하고 산이며 공동묘지를 찾아다니니 그런 말을 들을 수밖에 없었다.

어느 해 초가을의 일이었다. 경기도에 있는 공원묘지가 개발된다고 해서 며칠간을 묘지의 시신을 파 내간 자리에서 기거를 한 적이 있었다. 낮에는 이곳저곳 두러보며 공부를 하다가 해가 지고 밤이 되면 다시 그 묘지 속에 들어가 침낭을 깔고 별을 보며 잠을 잤다.

그런데 어느 날 아침 눈을 뜨기도 전에 사방에서 사이렌 소리며 사람들의 웅성거림이 점점 귀에 가까이 들리기 시작하는 것이 아닌가! 확성기에선 '너는 체포되었으니 꼼짝 말고 나와라. 만일 투항하면 사살한다' 하는 소리에 깜짝 놀라 일어나 보니 사방이 무장을 한 경찰과 군인들로 가득 차 있었다. 결국 경찰서에 가서 신원조사를 한 후 집안사람들과 통화를 하고 나서야 풀려났다.

내가 매일 저녁이면 산으로 올라가고 아침이면 동네에 나와 밥도

사먹고 이것저것 사람들에게 이상한 질문을 하며 돌아다니니까 혹시 간첩이 아닌가 하고 동네에서 신고를 한 것이다. 그도 그럴 것이 옷은 밤이슬에 젖고 운동화는 흙투성이며 수염은 며칠씩 깎지 못해서 산적 같았으니 말이다.

이런 일에 부딪힐 때마다 나를 풍수가의 길로 인도해 주신 실상사에 계신 노스님이 떠오르곤 한다.

할머니의 현몽

풍수지리를 공부하려면 무엇보다도 여행을 많이 해야 한다. 우리나라 국토를 직접 발로 헤집고 다니며 산의 모양, 마을이 형성된 모습, 물이 감아 돌아 흐르는 방향 등을 일일이 눈에 담아 넣어야 한다.

강원도는 수차례 답사를 가 보았는데 참으로 아름다운 지역이다. 강원도는 백두대간을 끼고 오른편으로는 바다가 넘칠 듯 그 푸르름을 더하고 산은 높고 깊으며 산과 물과 바다가 어우러져서 아름다운 곳이다.

이런 아름다운 곳을 여행하면서도 오로지 풍수에 대한 생각만이 머릿속을 꽉 채우고 있어서 다른 것들은 사실 별로 눈에 들어오지 않는다. 이번 여행도 마찬가지였다. 태백산맥을 줄기로 해서 인적이 드문 좁은 산길을 속력을 늦추어 천천히 내려오고 있었다. 부지런히 산세를 살피면서 말이다.

그런데 어디선가 갑자기 할머니 한 분이 나타나 차 앞을 가로막더니 나를 보자 그 자리에서 넙죽 절을 하는 것이었다. 이 산중에서 흰머리의 할머니가 나타나 기다렸다는 듯 내게 인사를 하다니!

할머니는 나를 집으로 안내하고는 그 이유를 말해 주었다. 할머니가 사는 곳은 사방에 집 한 채 없는 조그만 오두막이었다. 할머니는 이런 외딴곳에서 살고 있었다.

"아침부터 기다리고 있었어요."

"예? 저를요? 제가 올 줄 어떻게 아시고요?"

나는 너무나 의외여서 어리둥절할 수밖에 없었다.

그러자 할머니는 차근차근 말씀하셨다.

"실은 어젯밤에 현몽現夢을 했어요."

어젯밤에 현몽을 해서 아침부터 저녁나절 지금껏 기다리고 있었다는 것이다. 드라마에나 나올법한 이야기다.

"꿈에 선생님이 지금처럼 산에서 차를 타고 내려오는데 저 사람을 잡고 부탁하라는 말이 들리는 거예요. 얼굴은 보이지 않았지만 그 소리가 우렁차고 생생해 지금도 귓가에 쟁쟁해요."

할머니는 지난밤에 현몽한 일을 말하면서 나에게 집을 고쳐 지으려고 하는데 좀 봐달라는 것이었다.

"처음 본 내가 풍수가인 줄 어떻게 알고 이런 부탁을 하십니까?"

그러자 할머니는 자신 있다는 듯 말하였다.

"누추하기 그지없는 집을 손보려고 늘 생각 중이었는데 어젯밤 꿈속에서 오늘 산에서 내려오시는 선생님을 만나 뵙고서 부탁하라는 소리를 들었습니다. 하도 생시처럼 그 꿈을 철석같이 믿고 기다렸지요."

할머니의 집은 남향으로 지어졌는데 배산背山을 어긴 집이었다. 남향을 고집하느라 배산을 어겼기 때문에 문을 열면 산이 바로 앞에서 꽉 막혀있어 무척 답답해 보였다. 할머니는 할아버지와 두 분이 근근이 살고 계셨고 자식들은 커서 모두 도시로 나가 살고 있다고 했다. 이럴 경우 물어 보지 않아도 그동안 어렵게 살아왔을 것이 뻔하다. 나는 나에 대해 이미 알고 계신 할머니에게 풍수가로서 본 할머니의 삶을 이야기해 주었다.

"할머니, 큰아드님이 무척 힘들게 살고 있군요. 그리고 자식 중에 불구가 된 이도 있겠는데요?"

"예, 멀쩡하던 둘째가 그만…."

할머니는 짧게 대답하면서 긴 한숨을 토하는 것이었다. 할머니의 집은 배산을 어기고 남향으로 지은 집이며 동북 방향에 가축을 기르고 있었다. 동북 방향은 장남자리이다. 장남자리에 가축을 기르거나 변소를 만들면 장남이 정상적으로 살아가기 힘들다.

도시 사람들처럼 몇 년에 한 번씩 자주 이사를 다니는 경우는 덜하지만 한 곳에 터를 잡고 평생을 사는 시골의 경우는 그 영향이 지속적으로 미쳐서 문제가 심각해진다. 또한 문에서 정면으로 검사체가 있었다. 검사체는 날카롭게 생긴 칼 모양의 바위로 손이나 발 같은 부분에 상해를 당하게 해서 불구자를 만든다. 음택이나 양택을 선택할 때 항시 경계해야 할 것이다.

열심히 밭을 일구며 살아 온 두 노인에게는 큰 시련이었을 것이다. 생활은 어렵고 자식들이 곤경에 처해 있는 것을 바라보는 마음이 오죽 했을까 싶었다.

나는 할머니와 할아버지에게 좌향을 정하고 주방은 어느 쪽에 안방과 장남의 방은 어느 쪽에 할 것인가 등 그림을 그려주며 쉽게 자세히 알려 드렸다.

우선 큰아들 자리인 동북 방향에 지어져 있는 축사를 헐고 방으로 만들어 주고 검사체가 정면으로 보이는 대문의 방향을 바꾸는 등 밑

그림을 그렸다. 무엇보다 건물의 좌향을 반대로 해서 배산을 지키도록 했다. 아무리 좋은 터라도 배산임수를 어기고 지으면 흉가가 된다.

할머니와 할아버지는 처음부터 끝까지 내게 선생님이란 존칭을 썼다. 현몽을 통해 나를 만났다며 평범한 나를 귀인 대하듯 했다. 너무나 꿈이 선명해서 철석같이 나를 믿고 기다렸다고 거듭 말하면서 말이다.

두 분은 살면서 선덕을 쌓았기에 현몽을 하고 나 같은 지사를 만나 집을 새로 고치게 되었으리라. 우연이라고 하기엔 참으로 기이한 일이다.

복상사할 것을 미리 알다

산이나 집을 보면 그곳에 살고 있는 사람들의 운명을 예견할 수가 있다. 어떤 사람들은 이런 나를 보고 신이 들렸다는 둥 눈빛이 예사롭지 않은 것이 뭔가가 있다는 둥 하지만 풍수지리를 제대로 공부한다면 누구나 알 수가 있는 것이다.

사람은 태어날 때부터 이미 산에서 운명을 받고 태어나며, 또한 살고 있는 집의 영향을 지속적으로 받게 되어 있다. 그것은 종교인이건 비종교인이건 가리지 않는다.

예전에 한 목사의 부모 산소를 이장해 준 뒤로 친분이 있게 되어서 그 목사와 가끔 연락을 하며 지낸다. 그런데 어느 날 그 목사와 친분이 있는 사람이 집을 아주 잘 지었다며 구경도 할 겸 내게 감정을 요청해왔다. 가서 보니 정성을 들여서 보기 좋게 꾸며서 지은 것이 상당히 돈을 들인 것 같았다. 찬찬히 둘러보는데 집 주인과 목사는 내 입에서 무슨 말이 나올까 사뭇 긴장하고 있는 표정이었다.

땅의 기운은 집을 지은 액수와는 전혀 상관없는 것이며 사람을 구별해서 혜택을 주거나 재앙을 내리지는 않는다. 나는 거짓말을 할 수도 없는 일이고해서 조심스럽게 말을 꺼냈다.

"집은 잘 지으셨지만 이 집에 살면 집 주인이 죽습니다."

나는 자르듯 말할 수밖에 없었다. 이 말을 듣고 안색이 변하지 않을 사람이 어디 있겠는가. 그는 어안이 벙벙해 있고 대신 목사가 상황을 파악한 듯 질문을 해왔다.

"그럼 살 수 있는 방법은 없습니까?"

나는 이럴 때 무척 곤란함을 느낀다. 그동안 고생해서 인생의 말년에 집이라도 제대로 짓고 잘 살아 볼 희망에 차 있는 사람한테 '당신 죽는다'는 엄청난 말을 해야 된다는 것은 참으로 고역이다.

"아니, 이 사람 어떻게 된 거 아냐? 내가 이렇게 사지육신 멀쩡한데 죽는다니!"

집주인은 버럭 화를 냈다. 나도 내 말이 틀릴 때가 좀 있으면 좋으련만 어찌하겠는가. 나는 그 죽음의 형태까지 말해주었다. 참고로 해서 조심하라는 경고이기도 했다.

"말씀드리기 송구하지만 복상사腹上死로 죽습니다."

"나, 원 참! 별 ○○ 같은 이런 놈이 있어."

그는 흥분을 가라앉히지 못하고 한동안 입에 거품을 물었다. 나는 더 이상 설명을 해봤자 들을 것 같지도 않고 해서 그 자리를 얼른 벗어났다.

돌아오는 차안에서 나의 말을 전적으로 신뢰하는 목사가 왜 하필이면 복상사로 죽게 되는지 또 그것을 어떻게 아는지 궁금해 죽겠다며 물어왔다.

"저렇게 산을 많이 깎고 집을 지으면 틀림없이 문제가 생기지요. 산도 산 나름인데 차라리 사맥死脈에다가 지으면 덜하지만 정상적인 기가 흐르는 산을 깎고 건물을 지으면 집 주인이나 산을 깎아낸 건축업자가 잘될 리가 없지요."

"……."

"그런데 왜 하필 복상사로 죽느냐면 그것은 좌청룡이 깨졌고 우백호 쪽의 등줄기를 깎아서 그 위에 집을 지었기 때문인데 좀 더 세세한 것은 제가 말씀 드려도 목사님은 아직 모르실 겁니다."

나는 간단히 목사에게 설명을 해주었다. 큰 건설업체의 경우에는 원래 덩치가 커서 한 곳에 문제가 되었다고 회사가 휘청거릴 정도는 아니지만 개인의 경우는 혼자 다 받기 때문에 그 파장은 훨씬 크다.

얼마 후 목사님으로부터 다급한 목소리의 전화를 받았다. 지난번 함께 감정을 갔었던 집의 주인이 죽었다는 것이다. 그런데 놀라운 것은 내가 예견한 대로 복상사로 여관에서 발견되었다는 것이다. 평소 여자관계도 깔끔했다던 사람이 좋은 새집을 놔두고 여관에서 불미스러운 죽음으로 발견되다니.

이렇게 내가 말한 대로 되었을 때 나 자신도 몸서리쳐지곤 한다. 그것은 자연은 한 치의 거짓도 양보도 하지 않으며 절대로 너그럽지 않다는 사실을 확인하는 것이기 때문이다.

종교와 풍수

기독교 신자들의 경우 풍수나 묘 등에 관한 반감이 의외로 크다. 그러나 풍수는 오히려 기독교에서 받아들여야 할 학문이 아닌가 하는 것이 내 개인적인 견해이다. 모세도 알고 보면 풍수적 견해가 탁월했던 인물이기에 그 많은 사람들을 데리고 젖과 꿀이 흐른다는 가나안 땅으로 이주하지 않았던가 말이다.

우리가 알기에 오히려 스님들이 풍수를 많이 하는 것으로 알려져 있지만 그건 어디까지나 포교 차원에서 하는 것이지 본질은 아니다. 스님들은 사람이 죽으면 화장을 한다. 불교식 화장법을 다비茶毘라고 한다. 그리고 자식도 없고 이 세상에 대해 명예나 권력을 다 버리고 오직 청정한 깨달음이 목표인 사람들에게 풍수가 중요할 까닭이 없다. 단지 속세에 사는 대중들에게 도움을 주고자 하는 마음뿐인 것이다.

하지만 기독교인들은 이 세상은 하나님이 창조했다고 하지 않는가. 그렇다면 하나님이 창조한 땅에 대해 더 연구를 해서 하나님의 능력이 얼마나 위대하고 큰가를 밝힐 필요가 있는 것이다.

그리고 기독교인들은 부활을 믿어서 화장을 하지 않는다. 잘못 매장을 하면 자식이 죽고 사고를 부르는 결과를 가져온다. 그들이 믿든 믿지 않든 지금도 땅의 진리는 엄연히 존재하고 있다.

한국의 전통 자생풍수

다음의 이야기는 경기도 연천군 신서면의 보개산寶蓋山에 있는 지장보살의 석대암石臺庵 창건기록이다.

어느 사냥꾼 형제가 금빛 멧돼지를 쏘았다. 형제는 붉은 피를 흘리며 달아난 멧돼지가 멈춘 곳에 이르렀다. 멧돼지는 보이지 않고 지장석상이 샘물 가운데 머리만 내 놓은 채 물 속에 잠겨 있고 좌측 어깨에 화살이 꽂혀있는 것이었다. 형제는 크게 놀라 석상의 몸에서 화살을 뽑으려 했으나 석상은 태산과 같이 움직이지 않았다. 두 형제는 아연 실색하여 맹세하기를 "대성大聖이시여! 저희들을 불쌍히 여겨 용서해 주십시오. 우리들을 이 속계의 죄에서 구하여 주시려고 이 같은 신변들을 나타내신 것임을 알겠습니다" 하였다.

이윽고 그들은 출가하여 이 암자를 창건한 뒤 숲 속의 돌을 모아 대를 쌓고 그 위에 앉아 정진하였다. 이런 연유로 석대리라 불렀다.

지금도 경내 한쪽에는 지장 석상이 현신하였다는 샘이 솟아 나오고 있다.

본시 지장地藏의 뜻은 '대지의 자궁'을 말한다. 인도에서 지장보살의 탄생은 바라문교의 지모신地母神을 불교가 수용한 데서 비롯하였다고 한다. 지장사상의 근원은 바라문적인 최상의 가치였던 하늘을 부정하고 땅위에 현신한 것을 존중한 불교의 실상관實相觀에서 우러나온 것이다.

지장이란 땅이라는 모태가 만물을 잉태하고 기르는 상징적인 의미의 결집체라고 보면 된다. 따라서 근원적으로는 풍수사상의 본질과 통하고 있다고 할 수 있다. 풍수사상의 뿌리 역시 고대의 지모신 관념에서 출발한다.

풍수에서 말하는 지덕地德은 땅의 자애롭고 후덕한 모성애이며 풍수에서 혈은 다름 아닌 지모의 자궁이다.

천지는 부모이기에 섬기고 효성을 다하였으니 이는 한국 전통지리 사상의 본령을 이루었다.

우리의 풍수란 것이 중국에서 건너 온 것인지 아니면 자생적인 것인지를 밝히는 것도 의미가 있을 듯싶다.

도선대사 이전의 기록에는 진산鎭山이란 용어가 몇 군데 나온다. 진산이란 풍수용어로써 그 이전에 풍수에 대한 개념이 일부 계층에 이미 전파되어 있었다고 할 수 있다.

그리고 도선대사가 38세 이전에 지리산의 이인異人으로부터 풍수를 전수받았다는 내용이 있는 것으로 보아서 중국으로부터 받은 것이 아니라 자생 풍수가 있음을 반증하고 있다고 할 수 있다. 지리산의 이인에 대한 설은 여러 가지로 나뉘고 있으나 내 생각으로는 자생풍수사로 밖에 볼 수 없고 이인이라는 기록의 인물과 중국 풍수를 함께 익힌 도선대사가 두 이론을 결합하여 도선의 풍수 세계가 시작된 것이 아닌가 싶다. 정확하게 알 수는 없지만 이인이 도선에게 풍수를 전수하면서 "세상을 구제하고 사람을 제도하는 법이다. 산천이 순종하고 거역하는 세를 보여 주었다"고 한 기록을 보더라도 이는 대승적인 사상과 형세법形勢法을 말하는 것으로 중국 풍수 중 형세법에 영향을 받았거나 상호 일치하고 있음을 알 수 있다.

그러나 나의 생각으로는 아직도 성행하고 있는 호랑이 형이니, 봉황이 알을 품은 형이니, 족제비 형이니 하는 것은 형세법에 의존한다고 하기보다는 일반적으로 산의 형세에 의한 기의 흐름을 파악하는 것으로 말할 수 있다고 본다.

물형론物形論에 빠지지 말고 기의 흐름을 파악하는 방법에 치중해야 한다. 기의 흐름에 대한 작은 변화도 볼 수 있어야만 제대로 된 풍수가라 할 수 있다.

3. 음택풍수 이야기

— 땅에는 반드시 임자가 있다 —

전면 그림 : 동북아역사재단에서 복원한 7세기 강서대묘 사신도 중 청룡青龍 (부분).
청룡은 남자, 명예를 상징한다

산소에는 임자가 있다

덕이 부족하면 애써 들어간 명당자리에서도 다시 나오게 된다. 조상을 명당에 모시고 그 발복을 아무리 바라더라도 덕이 없는 자손의 조상은 그 명당을 차지하지 못하고 다시 나오게 된다. 인간의 재주와는 전혀 상관이 없다. 인간의 재주는 자연의 힘 앞에서 전혀 무용지물이다.

예컨대 안산이 흉하고 거칠면 대인관계에서 난폭하고 거친 사람이 주변에 모이게 된다. 자손이 덕이 없으면 그런 부류의 대인관계를 갖게 되고 자신도 그런 생각을 갖게 되어 또다시 이장을 하게 되는데 결국은 명당자리도 외면을 한다. 덕과 신의를 저버리는 사람은 금수만도 못하다는 것을 땅도 아는 것이다. 땅에는 반드시 주인이 따로 있는 것이다.

내가 그동안 현장에서 수없이 보고 배우고 느낀 것은 만물은 인연의 법칙에 의해서 만나고 흩어지는 과정에서 길흉을 주고받는다는 것이다. 미운 사람을 만나는 것도 정해진 인연이고 사랑하는 사람을 만나고 헤어지는 것도 커다란 자연적 인연의 법칙에 의한다. 부부는 살아온 과정은 다르지만 앞으로의 운명은 서로 비슷한 운명을 타고 태어난 사람들이다. 부부의 산소를 감정해 보면 같은 모습을 하고 있는 것이 대부분이다. 예를 들자면 거지의 부인은 역시 거지 팔자라는 것이다. 그래서 부부는 하늘이 내려주는 인연이라는 말이 있는 듯하다.

부부뿐만 아니라 사람들도 마찬가지로 유유상종이란 말이 풍수에서도 그대로 적용된다. 음택이 비슷하다는 것은 비슷한 운명의 소유자들끼리 만난다는 것이다.

골짜기에 쓰인 음택의 자손과 명당에 쓰인 자손과는 친해지지 않는다. 재벌은 재벌끼리 친하고 깡패는 깡패 성향을 가진 사람끼리 가까워지는데 나쁜 일이나 좋은 일도 같은 성향끼리 만나서 강도짓도 하고 선행도 베푸는 것이다. 성공한 사람끼리는 화가와 재벌의 경우처럼 분야가 달라도 교우가 이루어진다. 하지만 성공한 사람과 실패한 사람은 같은 분야라도 잘 어울리지 못한다.

풍수적으로 풀이하자면 기는 같은 기끼리 반응한다는 동기감응 현상인 것이다. 내가 산에서 공부하고 연구해 본 결과를 사회생활에 그대로 적용을 해본 것인데 대체로 그러했다.

경기도에 있는 한 묘소를 의뢰를 받아 감정해 보니 선산에 청룡이 없고 우백호도 훼손되었다. 이럴 경우 당대에서 조상의 간섭에너지가 작용하여 심하게는 가문이 몰락하게도 된다. 역시 감정한 그대로 그 가정은 많은 시련을 겪게 되고 재물을 잃게 되었다. 이러한 사람은 자기와 처지가 비슷한 부류의 사람을 만나게 되고 또 서로 어려운 처지이므로 도움을 주고받기도 힘들다.

산소를 이장하기 전에 상대했던 과거의 사람들은 그 이전 산소의 좋지 않은 파장으로 인해 만나게 된 좋지 않은 사람들이었던 것이다.

나는 그 사람의 조상 묘를 좋은 곳으로 이장해주었다. 이제 앞으로는 조상의 좋은 환원에너지가 작용하여 좋은 사람들을 만나 일이 잘 풀려 사회에 기여할 것으로 믿고 지켜 볼 따름이다.

사람과 사람의 만남에는 인연이 작용하는 것인데 거기에는 자연의 에너지인 태양, 바람, 물 등이 영향을 끼친다. 풍수지리는 자연 속의 여러 에너지 중 사람의 건강과 행복을 위한 에너지를 선택적으로 활용하려는 데 그 목적이 있는 것이다. 땅은 자연의 생명에너지를 생성, 유지, 저장하고 또한 이동시킨다. 땅은 사람의 탄생, 죽음 그리고 운명까지 그 모든 것을 관장한다. 그래서 음택이나 양택을 보면 그 사람의 운명이 보인다.

냉혈에 묻힌 시신

보름이라고는 하나 먹구름이 잔뜩 끼어서 칠흑 같은 그믐을 연상케 한다. 어둠 속에서도 조심스럽게 각자의 위치에서 인부들은 긴장을 늦추지 않고 작업을 한다.

만일 조금이라도 손전등 불빛이 새어나가 마을사람들에게 알려지는 날엔 모든 일이 수포로 돌아가기 때문에 오로지 달빛 하나에 의지할 수밖에 없는 것이다.

특히 정 국장의 부친이 묻혀 있는 이 선산은 마을의 중심부에 있다시피 해서 자칫 집안의 어른인 큰형님이 알게 되면 불호령이 날 게 뻔한 일이다. 정 국장은 그동안 내게서 풍수지리에 대한 공부를 누구보다 열심히 하면서 발복에 대한 확신을 갖게 되었고 부와 명예를 위해 이장하기로 한 것이다.

읍내에서 한참을 벗어난 이곳은 50여 호가 옹기종기 모여 살고 있는 전형적인 시골마을의 구조를 갖고 있다. 발자국소리 하나 삽질소리 하나하나에 온 촉각을 곤두세우고 있는 나는 인부들처럼 몸은 움직이고 있지는 않지만 등줄기며 이마에 진땀이 흐르고 있다.

이렇게 야밤을 틈타서 몰래 이장하는 것이 이번이 처음은 아니지만 일을 할 때마다 긴장되는 것은 어쩔 수 없는 일이다. 더구나 정 국장의 부친은 지금 냉혈에 묻혀 있어서 관을 열면 시신이 육탈肉脫되지 않고 그대로 퉁퉁 불어서 얼어 있을 모습에 인부들이 놀랄 생각을 하니 나도 난감할 수밖에 없다. 묘에 물이 들면 관 속의 시신이 물에 둥둥 떠 있다가 엎어지는 복시伏屍 현상이 나타나기도 하는데 이장할 때 몇 번 본 적이 있다. 그야말로 엽기적인 광경이 아닐 수 없다.

지난번 묘지 감정을 부탁 받고 왔을 때 내가 이 묘의 시신은 지금 냉혈冷穴에 묻혀 있어서 몇 십 년이 지났어도 썩지 않고 그대로 있을 거라 했을 때 정 국장 외에는 아무도 믿지 않았었다. 왜냐하면 이 자리는 하루 종일 햇볕이 드는 언덕이며 겨울에도 눈이 제일 먼저 녹는 그야말로 양지바른 언덕이기 때문이다.

인부들의 삽질소리가 잦아들고 마침내 관을 연 박씨가 기겁을 하며 한발 뒤로 물러선다. 먹구름 속에 삐죽이 얼굴을 내민 은은한 달빛이 관속을 뿌옇게 조명한다. 나는 하나라도 놓칠세라 시신의 상태를 하나하나 유심히 관찰한다. 묘지 감정 그대로 적중됐다. 시신은 썩지 않고 불어서 그 육중한 체구는 관을 꽉 채우고 있으며 머리는 길게 자라 있다. 마치 냉장고에 성에가 낀 것처럼 시신의 상태는 최악이다.

이럴 경우 그 집안의 자손 중에는 틀림없이 백혈병환자가 나온다. 그렇지 않아도 정 국장은 집안의 비밀로 해왔던 것을 내가 말하자 더욱 더 확신을 갖고 이장을 하게 된 것이다. 시골동네에서 집안에 몹쓸 병으로 죽은 사람이 있다고 하면 혼사는 물론 집안의 체통이 안 선다며 대처에 나가 대학을 다녔던 동생의 병을 쉬쉬했다고 한다.

관에서 꽁꽁 얼어있던 시신을 장정들이 달려들어 간신히 빼내어 들것에 싣고 먼저 산을 내려가게 한 나는 나머지 인부들이 마무리하는 것까지 지켜보고 있다. 그야말로 귀신도 모르게 감쪽같이 파헤친 봉분을 그대로 만들어 놓아야만 뒤탈이 없기 때문이다. 먼저 봉분을 파헤치기 전 그 주변에 비닐을 쫙 깔아 겉과 안의 흙이 뒤섞이지 못하게 한다. 작업을 마치면 가져온 잔디를 입히고 흙이 널브러져 있는 비닐은 둘둘 말아 자루에 담아 산을 내려오는 것이다.

육탈이 안 된 시신, 특히 냉혈에 있어서 꽝꽝 언 시신의 무게는 무겁기가 이루 말할 수가 없을 정도다. 인부들도 웬만한 담력이 없는 사람은 이 깊은 밤에 산일을 하지 못한다.

나는 잰 걸음으로 앞서 가고 있는 인부들과 합류를 하고 산모퉁이 길가에 세워놓은 승합차에 시신을 싣는다. 새로 이장할 장소로 가려면 한 시간은 족히 가야 한다. 나와 인부들 모두 우선 한시름을 놓는다.

서서히 새벽이 동터오고 있다. 기사는 차의 시동을 걸어 서서히 동네 골목길을 빠져나오고 국도로 접어들자 차의 속력을 내기 시작한다.

밀려오는 피곤함에 몸을 의자에 깊숙이 기대자 풍수지리에 미쳐 있던 나의 지나온 과거가 차창 밖의 풍경처럼 스쳐 지나간다.

한 집안의 이력이 담겨있는 산소자리

풍수가의 길로 접어든 지 이십 여 년 간 발로 뛰며 공부한 결과 한 기의 산소감정만 해보더라도 그 집안의 가족구성원 및 과거와 현재 미래까지 모든 이력을 읽어낼 수 있는 능력이 생겼다.

한 집안의 산소 감정을 가보면 묻혀있는 사람의 이력, 예를 들자면 결혼은 몇 번을 했는지 등 자손들의 질병과 사회적인 활동 정신건강 및 이혼과 바람피운 것까지 처음에는 솔직히 다 말해 주었다. 그러나 그게 화근이 되어 부부 싸움하는 것도 목격했었고 집안싸움으로까지 번지는 것을 알고는, 특히 좋지 않은 이야기는 안 듣느니만 못하기 때문에 감정을 가더라도 이제는 신중을 기한다.

십여 년 전 어느 무더운 여름이었다. 평소 친분이 있는 사람과 자주 가는 식당이 있었는데 그 집안이 어려움을 겪고 있는 것을 알게 되었다. 고향이 경기도 파주인데 무능력하고 폭력적인 정신병에 가까운 맏형, 목에서 일주일에 한번 정기적으로 피고름을 빼내는 동생, 무엇보다 아이들까지 건강이 나빠 그야말로 우환이 많은 안타까운 얘기를 듣고 산소 감정을 하기로 한 것이다.

햇볕이 잘 드는 양지 바른 곳이라고 다들 한결같이 말하는데 감정을 해보니 역시나 예상대로 기맥을 타지 못한 사맥死脈에다가 묘를 썼고 물이 꽉 찬데다가 냉혈이었다. 집안의 연세 지긋한 어른들은 무슨 소리냐, 젊은 사람이 뭘 아냐며 오히려 호통을 쳤다.

이런 소리를 듣는 것은 이번이 처음은 아니라서 무심히 받아넘겼지만 당시 풍수가로서 37세라는 것은 그분들이 보기에 애송이 같아 보였을 것이다. 하지만 지금 이장을 하지 않으면 아이들의 건강은 물론 집안에 더 큰 재앙이 올 수 있어서 나는 적극 강력한 주장을 할 수밖에 없었다.

몇 주 후 도포를 차려입고 흰 수염을 기른 지사가 그곳을 감정하러 왔다. 나는 나대로 나의 주장이 옳다고 했고 그 지사는 웬 냉혈이냐며 나의 말을 무시했다.

이런 경우 파묘를 했을 때 만에 하나 실수라도 한다면 망신은 물론 풍수가로서 생명이 끝날 수도 있는 것이다. 하지만 기감으로 알아본 결과 틀림없는 냉혈이 분명하고 지금까지 자화자찬 같지만 실수를 해 본 적이 거의 없었기에 나의 확신을 믿고 파묘를 했다.

봉분을 헐어내고 흙을 파내는데 일반 흙처럼 습윤되어 관을 열기 전까지는 전혀 언 기미가 보이지 않았다. 모두들 괜한 공사를 해서 조상님께 누를 끼친다며 그 연세 많은 지사가 옳다고 다들 한마디씩 하는 것이었다.

그런데 흙을 파내고 관 뚜껑을 뜯어내자 뚜껑이 우지직하고 부러지며 시신의 모습이 드러났다. 그러자 다들 놀라서 눈이 휘둥그레졌다. 시신의 모습은 평소의 두 배로 부풀어져 있는 것이 아닌가. 그것도 물에 퉁퉁 불어서 완전히 동태처럼 꽝꽝 얼어 있었다. 그곳에 모인 사람들은 나를 다시 보고는 감탄을 연발했다. 결국은 포클레인을 불러서 떼어내었고 새로운 곳에 이장을 하였다.

나는 나 자신도 신기할 만큼 산소나 사람을 보면 한눈에 모든 것이 보였다. 결혼을 몇 번 한 사람은 묘가 방향을 틀고 자리를 잡았고 단명한 사람은 기맥을 타지 못하고 옆으로 써 졌든가 심지어는 첫째부인의 자손이 몇이고 두 번째 부인의 자손은 몇 인지도 알 수 있다.

산에는 이 같은 현상의 집합이 공식적으로 나와 있기 때문에 그것을 제대로 읽어낼 수 있기만 하면 누구나 나처럼 될 수 있는 것이다.

한창 가을에 접어들어 농부들의 일손이 바빠질 무렵에 이 아무개 씨 댁을 방문하였다. 일주일에 한 번씩 목에서 피고름을 빼내던 사람이 이제는 병원에 발길을 뚝 끊었고 병치레가 잦았던 아이들도 건강해져서 보기에도 행복해 보였다.

병은 여러 가지로 오는데 선천적인 병은 바로 부모나 조부모 대에서 오는 경우도 있지만 증조부모 위에서 예정되어 있다가 나타나는 경우도 많다. 예를 들면 꼽추, 언청이, 소아마비, 벙어리 같은 병이 그렇다. 그리고 암이나 관절염, 백혈병, 내장계통의 병은 짧은 기간 내에 나타난다. 이런 것은 시일이 짧은 만큼 치료의 기간도 빠르다. 내가 경험한 빠른 경우로는 이장 후 이튿날부터 바로 효과가 나타나기도 한다.

만일 냉혈인데 이장을 하지 않았다면 손자대인 이 씨의 아이들한테 그 영향이 와서 틀림없이 아이가 백혈병에 걸렸을 것이다. 더구나 정신병을 의심할 정도로 사람구실을 못하던 맏형이 이제는 마음을 잡고 동생들과 화목하게 지내고 혼자 사시는 어머니를 모셔다가 산다는 것이다. 쉰 살이 가깝도록 집 한 칸 마련 못하고 전셋집을 전전하며 살았던 것도 좋은 계기가 되어서 집도 한 칸 장만하고 유순한 사람이 되어 주변 사람들한테도 신임을 얻고 있다는 반가운 소리를 들었다. 자신의 탄생은 증조부대에서 결정되고 운명되어지며 그 묘를 보면 자신의 앞으로 살아 갈 운명이 보인다. 선천적인 병이 증조부대에서 왔듯이 치료도 그 묘를 파악해서 손을 쓰면 되는 것이다.

시신의 상태로 본 질병

사람이 자신의 의지와 무관하게 주어졌듯 죽음도 자신의 의지와 무관하게 선택되는 것이다. 한바탕 세상살이 소풍 나왔다가 소리 없이 사라지는 것이 인생이다. 풍수가의 외길을 걸으며 공원묘지를 이장할 때면 어떻게든 정보를 듣고서 달려갔다. 그런 식으로 수천 명의 시신을 보았다. 위치에 따라 햇수에 따라 시신은 예상치 못한 모습으로 관 속에 누워 있었다.

동태 같은 시신이 있는가 하면 푸석푸석한 시신도 있다. 토질과 위치와 시신의 깊이와 묘주를 표시하는 내용을 상세히 수첩에 적었다. 어떤 시신은 부분만 이상이 있는 경우도 있었고 나무뿌리가 시신의 일부를 감싸고 있는 경우도 많았다. 나무뿌리의 경우는 어느 부분인가를 정확히 그림까지 그려 메모했다. 시신의 상태가 어떠한 영향을 주는가가 중요한 연구 과제의 하나였다. 풍수에 관한 여러 서적에서는 단순히 물이 들거나 나무뿌리가 침입하면 안 좋다는 정도의 이야기뿐 구체적인 내용은 말하고 있지 않아서 그 부분에 더욱 파고들었다. 공동묘지는 풍수연구에 대한 갈증을 시원히 풀어주기에 충분했다.

유골에 나쁜 영향이 미치는 것을 '염廉'이라고 한다. 수렴水廉은 땅에 습기가 많아서 물이 차는 것을 말하고 목렴木廉은 시신에 나무뿌리가 감기는 현상을 말한다. 충렴蟲廉은 시신에 뱀이나 벌레, 두더지 풍뎅이 등이 파고들어 온 것이다. 이것 외에도 시신의 상태는 다양하다.

시신의 깊이도 약간의 차이가 있을 뿐 대개는 비슷했다. 토질은 표피表皮층, 맥피脈皮층, 맥근脈根층으로 나눈다. 표피층은 산의 피부로 풀뿌리가 박혀있는 층이며, 맥피층은 산맥을 보호하고 나무뿌리가 들어 갈 수 있는 층을 말한다. 또한 맥근층은 산의 에너지가 통과하는 층이며 물, 바람, 나무뿌리 등이 침입하지 못한다.

시신은 정해진 깊이대로 안장하는 것이 아니라 기가 흐르는 깊이를 찾아내어 묻는 것이 정확한 방법이다. 아무리 좋은 명당자리라 해도 기맥이 흐르는 곳이 아니면 그 효과를 다 거둘 수가 없다. 우리나라의 풍수는 주역에 의한 음양오행이 많은 부분을 망쳐 놓았음을 새삼 밝혀둔다.

공동묘지에서 시신작업이 다 끝나면 곧바로 묘주의 연락처를 끈으로 해서 확인 작업에 들어간다. 이 과정에서 별소리를 다 들어가면서도 끝까지 인내하며 달려든 결과 시신의 상태에 따라서 자손에게 미치는 재앙과 질병이 무엇인가를 확실히 확인하게 되었다. 묘에서 오는 파장의 에너지는 엄청났다.

출세와 돈을 버는 것에서부터 여러 가지 병에 이르기까지도 묘에서 오는 것이 상당했다. 양택을 연구하며 전국을 돌았던 것과는 다른 차원이었다. 공통점과 다른 점은 공동묘지는 좋은 자리가 드물었다는 것이다. 명당이라고 할 수 있는 곳이 몇 곳 있었지만 다른 묘를 쓰느라고 선익 부분을 깨뜨린 것이 아쉬웠다. 남들이 6~7평을 쓸 때 30여 평의 자리를 쓴 좋은 자리는 공동묘지답지 않게 내룡맥來龍脈도 튼튼하고 좌청룡, 우백호도 잘 발달해 있었다. 예상대로 그런 집안의 자손들은 부와 명예를 가지고 잘 살고 있었다. 일일이 확인 작업을 하는 것이 공동묘지를 조사하는 것보다 훨씬 더 힘들었다.

조상을 골짜기에 쓴 산소의 자손들은 짧은 기간 내에 건강과 목숨을 잃기도 하며 패가망신 할 수 있다. 또한 산소의 선익 부분에 흉석이 박혀있으면 자손 중에는 거의 대부분 장님이 나왔다.

묘는 산의 기를 전달해 주는 창구 역할을 하는 곳이기도 하며 살아 있는 사람과 죽은 자를 이어주는 곳이기도 했다. 그리고 시신의 상태가 그대로 후손에게 파장을 주어 살아 있는 사람에게 영향을 주었다.

시신의 다리 부분에 나무뿌리가 감긴 경우는 자손의 다리에 문제가 있었다. 관절에 나무뿌리가 감기면 관절염이 오고 발에 마비가 오는 경우를 많이 보았다. 물이 차거나 냉혈이고 머리 부분의 유골이 썩지 않고 그대로 있으면 정신병 계통의 파장이 온다. 정신병의 형태는 다양한데 의처증, 정신분열, 무기력, 이유 없는 폭력이나 폭언을 일삼기도 한다. 목에 감기는 경우는 목 부분에 병이 있다. 또 선천성 정신장애나 선천성 불구자는 증조부모대의 묘에서 오는 경우가 많았다. 꼽추나 소아마비는 내룡맥來龍脈과 입수入首 부분에서 온다.

기형적으로 뒤틀린 경우는 꼽추가 나오고 어느 한 부분이 움푹 파여 있으면 소아마비가 나온다. 기의 흐름이 정상적인 흐름이 아닐 때 오는 현상이다.

또한 긴 골짜기 입구가 벌어져 있고 강한 바람이 부는 골짜기일 때는 벙어리가 나오며 단명한 부모가 있으면 자식도 단명할 가능성이 커진다. 그리고 병도 마찬가지인데, 조상과 비슷한 병을 앓게 될 확률이 높아진다. 원인이 되고 있는 산소가 그 자리에 있기 때문이다.

묘에 나무뿌리가 침입해서 시신에게 엉켜 있거나 물이 차고 성에가 낀 듯해서 죽은 지 오래된 사람도 썩지 않고 금방 죽은 사람처럼 손톱과 머리카락이 길어있는 수도 있다. 때론 시신이 물에 둥둥 뜬 채 있다가 그대로 엎어지는 복시 현상이 일어나기도 한다. 땅 위의 물이 묘 속으로 스며들어 관속에서 그러한 일이 벌어지는 것이다. 이런 곳에 시신을 묻게 되면 채 3년도 안 되어 육탈은 물론 뼈대도 없이 녹아버리는데 이러한 땅을 사토死土라 한다.

이렇듯 묘를 어떻게 쓰느냐에 따라서 한 집안의 흥망성쇠가 달려 있는 것이다. 예부터 좋은 가문과 자손을 일컬어 뼈대 있는 가문, 뼈대 있는 자손이라 했는데 이런 가문일수록 명당을 찾아 조상의 산소를 두었다. 명당에 묻힌 시신은 완전 육탈이 되고 뼈가 온전하므로 뼈대 있는 가문이 되는 것이다.

그러기에 시신에 아무런 해가 없어 좋은 환원에너지를 자손에게 공급함으로써 집안에 큰 우환 없이 가문의 명맥을 꾸준히 이어져 오는 것이다.

업보대로 묻히고 그러한 업보와 비슷한 지식을 갖게 되는 환원에너지의 파장을 자손이 그대로 받는 것이다. 타고난 운명을 자신도 모르게 따라가고 또 자손에게까지 그 영향력을 미치는 풍수는 정말 알면 알수록 무서운 세계이다.

현대의학으로는 고칠 수 없는 불치의 병인 백혈병도 묘에서 온다.

시신의 상태가 냉장고에 성에가 낀 듯 뿌옇게 얼어있는 것처럼 백태가 끼고 냉혈이면 틀림없이 자손 중에 백혈병 환자가 나온다. 암도 마찬가지이다.

혈액은 뼈의 한가운데에 있는 골수라는 곳에서 만들어지는데 백혈병이란 바로 이 골수 안에서 다른 정상 세포의 증식을 방해하면서 암으로 변한 후 증식하는 병이다. 결과적으로 혈관 내에는 정상적인 세포들이 감소하게 되는 것이다. 정상혈구가 감소하면 폐렴이나 폐혈증이 생기고 적혈구가 감소하면 빈혈, 혈소판이 감소하면 전신에 멍이 잘 들고 뇌출혈 등이 발생한다.

선천적인 병과 살아가면서 얻어지는 병의 차이는 어떤 것인지 많은 의문을 갖고 연구해 본 결과 묘에 묻힌 사람의 시신 상태가 비정상일 때 발병하는 것을 확인할 수 있었다. 그것은 어쩌면 시신의 영혼이 후손에게 자신의 시신 상태를 호소하는 것은 아닌가 여기며 또 하나는 산에서 오는 생기와 사람 사이에 중간기지 역할을 하는 것이 시신이 모셔진 무덤이라고 가정한다면 시신을 통해 전해지는 생기가 시신의 이상 상태에 따라 정상적으로 전해지지 않아 그 영향이 병으로 올 수도 있는 것이다.

선천적 불구는 치료가 되지 않는다. 완전히 굳어진 병은 효과를 볼 수 없으나 다음 세대의 유전과 재앙을 막기 위해서는 안 좋은 터에서 다른 곳으로 이장을 하거나 아니면 화장을 하는 것이 필요하다.

앉은뱅이가 일어나 걸을 수 없고 벙어리가 말을 시작할 수는 없다. 꼽추가 허리를 펴지 못하지만 그 원인을 제거하지 않으면 다음 세대에도 문제가 생길 수 있다. 유전은 의학에서 나름대로 설명하지만 산에서 모든 게 시작하듯 이것들 또한 산에서 오는 영향인 것이다.

병이 산의 묘에서 왔다면 그 병을 고칠 수 있는 것도 산에 있을 것이다. 산은 살아있는 생명들과 깊은 인과 관계가 있으며 그것을 알아내는 것이 풍수가의 할 일이다. 또한 과학적으로 증명과 분석, 통계를 내어 정통적인 동양학문으로서의 자리매김을 해야 한다. 그것이 나의 남은 과제라고 생각한다.

산소에 나타난 자손의 성격

성격과 산소는 깊은 연관성이 있다는 것을 풍수를 하면서 더욱 느끼게 된다.

산소자리가 수렴水簾이나 냉혈일 경우에는 그 성격이 날카롭고 적대적이며 안산이 비정상적으로 높을 때에는 대인관계가 원만하지 못하고 그 성격이 거칠다.

기맥을 제대로 탄 경우에는 배포가 크고 자존심이 강하며 원만하고 전인적인 성격의 소유자가 된다. 반면 사맥에 산소를 쓴 경우에는 그 자손들이 배짱이 없고 무기력한 모습을 보이곤 했다. 정상적인 기맥을 탄 자리에서는 무당이나 광신도 같은 사람은 절대 나오지 않는다.

어떤 집안의 경우에는 아들이 다섯인데 넷은 모두 성공하고 잘됐지만 하나가 잘되지 않는다고 하면 산소의 한 부분에 문제가 있는 것이다. 파이거나 주저앉았다면 그 부분에 해당하는 자손이 문제가 생긴다는 말이다. 좌청룡의 끝부분이 외면한 경우는 막내가 제대로 되지 않는다. 맨 윗부분에 문제가 생기면 장남에게 문제가 생기고 선익이 깨진 경우에는 중풍이 오는 것을 수차례 보아왔다.

그리고 목렴木簾이 들면 관절염에 걸리거나 이유 없이 손이나 발이 마비되기도 하는데 제거하면 진행은 더 이상 되지 않지만 완치까지는 어렵다.

산의 형상 중 부족한 부분을 인위적으로 만들 수는 없는 것이다. 산의 모양에 따라 자손의 운명을 읽을 수 있는 것은 생기가 흐르는 영향을 파악할 수 있기 때문이지 그 모양만으로 보는 것은 아니다.

모든 문제는 기의 흐름이 비정상일 때 생긴다. 선익이 깨졌다거나 청룡이나 백호가 들고난다는 얘기를 하는 것은 기의 흐름을 보고 말하는 것이다.

스님이 나오는 자리 장님이 나오는 자리

한 가족이라도 서로 다른 운명을 타고 나는데 지사에게는 그것을 정확히 집어내는 능력이 필요하다. 그리고 한꺼번에 집안에 안 좋은 일이 겹쳐서 일어날 때는 산에 변화가 생겼기 때문이다. 산업화가 급속도로 이루어지면서 도로를 만들고 건물을 짓다 보니 산맥이 깨지는 경우가 많다. 그리고 능선에 철탑을 아무 생각 없이 설치하니 그 파장이 인간에게 곧바로 미치는 것이다.

만일 그렇지 않다면 그 중간에 다른 사람이 새로운 묘를 써서 그 환원에너지에 의한 파장이 남에게로 간 것이다. 묘가 허물어져 물이 들어가거나 구멍이 생긴다거나 하여 시신상태에 변화가 오면 그 영향이 몰아서 온다. 이유 없이 교통사고가 난다거나 병이 생기고 사업이 망하는 흉조가 드는 것이다. 이럴 때는 반드시 조상의 묘를 한번쯤 점검해야 한다.

풍수 공부를 하면서 현대의학이 밝혀 낼 수 없는 부분들이 많다는 것을 나는 몸소 느끼고 있다.

한의학이 소우주로서 인체를 이해하고 다스리는 일이라면 천문학과 지리는 천지를 대상으로 하는 학문이다. 사람에게 기가 조화롭지 못하면 병이 되듯이 산천도 마찬가지이다. 좋은 산은 부드러움과 조화된 아름다움에 있다. 부드러움이 없이 강한 것은 사람으로 말하면 깡패고 산으로 말하면 악산惡山이다. 스스로 강하면 적이 없듯 산도 마찬가지로 자신의 혈장이 제 위치에 잡혀 있으면 주변 산들도 자연히 따라온다.

스님이나 신부가 나오는 자리는 따로 있는데 통계학적으로 보면 독봉獨峰에 자리를 잡고 있다. 무기맥無氣脈이나 사맥에 묘를 써도 자식이 귀하고 대가 끊기지만 그러한 곳에서는 스님이나 신부가 나오지 않는다. 독봉은 에너지가 자체 내에서 머무는 특성을 가지고 있다. 그 특이성 때문에 외길을 가는 사람이 나오는 것이다.

이런 것들은 역추적을 해보면 쉽게 파악할 수 있다. 즉 우선 잘 알려진 사람의 프로필을 조사해 보면 부모 형제는 물론 살아온 내력까지 다 알 수가 있다. 그 다음 산에 가서 그 사람 조상의 음택을 조사하여 확인하는 것이다. 이런 식으로 어느 한 분야의 인물 10여명의 인적 조사를 해서 공통점과 원인을 찾아내면 된다.

그리고 역추적과 달리 순추적이 있다. 음택과 양택을 먼저 조사한 후 그 집안의 내력을 확인해 보는 방법이다. 막연한 이론에 치우쳐 틀리는 부분과 과장된 부분을 가려내야 한다. 풍수는 모든 것을 믿으려 하지 말고 직접 눈으로 확인해 보고 정확한 통계분석에 의해서 산을 연구해야 하는 것이다.

내가 처음으로 확인한 작업이 장님의 출생 원인이었다. 원인을 알 수 없는 후천적인 이유에 의해 장님이 되는 경우와 사고에 의한 장님이 되는 경우였다. 왕을 만들어 주는 자리가 있다고 했듯 장님도 특이하고 드문 경우임을 부인할 수 없다. 그렇다면 분명 장님이 나오는 데에도 공통점이 있는 것이다.

우리나라 전국 수 십 군데의 장님이 나온 산소를 조사 연구한 결과 한 가지 공통적인 문제점이 있었다. 그 문제점이 우측에 있으면 여자가, 좌측에 있으면 남자가 장님이 된다는 것을 확인했다.

조상의 무덤이 있는 산의 형세와 혈장의 모습이 사람의 운명을 바꾸는데 조부모 묘의 선익 부분에 흉석이 박혀있으면 손자 중에서 장님이 나오기 마련이다.

십 수 년간 풍수 공부를 하며 만난 사람 중에서 특히 인상적인 아이가 하나 있다.

경기도 가평에 사는 신아무개 씨의 아들은 1살인데 눈동자가 서양인에게나 있을 법한 새파란 초록빛에 가까웠다. 더군다나 아이가 아무것도 듣지를 못했다. 또한 신 씨의 여동생은 정신병이 있어서 정상적인 사회 활동을 못하고 집과 병원을 오가며 생활하는 것을 보고 풍수에 대한 이야기를 해주었다. 그는 마지막 희망이라 생각한다며 나에게 이장을 요청해 왔다.

그 동안 수많은 이장을 하며 직접 보고 겪은 대로라면 틀림없이 산소에 문제가 있는 것이다. 나는 그 동안의 여러 가지 결과를 생각하며 확신을 갖고 이장을 해주었는데 역시나 시신의 상태는 아주 나빴다. 나무뿌리가 시신의 머리 부분까지 뻗어 있었고 물도 차 있었다. 그런데 이장한 지 얼마 후부터 변화가 생겼다. 아이의 새파란 눈동자 빛이 누그러들고 그 색이 많이 완화되었으며 귀가 조금씩 들려서인지 주변의 소리에 반응을 보였다.

하지만 이처럼 날 때부터 가지고 태어난 선천적인 병은 이장을 했다고 해서 완쾌까지 되지는 않는다. 단지 그 진행을 더 악화되지 않고 멈추거나 개선되게 할 뿐이다. 살면서 생긴 암처럼 완전 치유는 되지 않는 것이다.

그리고 정신병이 있는 여동생은 더 이상 병원 약을 먹지 않게 되고 올케에게 욕도 하지 않으며 잘 지냈다. 1년이 지난 지금은 취직까지 해서 열심히 살고 있는 것을 보고 큰 보람을 느꼈다.

1994년도에 ≪동아일보≫ 기자의 주최로 풍수실험을 한 적이 있다. 어떻게 보면 잔혹하다고 할 수 있지만 모든 생명체는 홀로 존재하는 것이 아니라 어떤 형태로든 연결고리를 가지고 더불어 산다는 것을 증명해 보이고 싶었다.

풍수지리에서 말하는 명당과 후손에게 그 영향이 미쳐서 발복하고 또는 반대로 해악이 미칠 수 있음을 증명해 보여야 했다. 그들의 의구심을 없애고 당당히 풍수지리는 미신이 아닌 자연과학이라는 것을 인식시켜 주고 싶었기 때문이다.

나는 동물 중에서도 개를 가지고 실험했다. 3마리의 새끼를 낳은 어미 개를 장님이 나오는 자리에 묻고 그 새끼들에게 영향이 오는지 상태를 확인해 보기로 한 것이다. 이 증명으로 인해서 더 많은 해악을 막을 수 있다면 나름대로 의미가 있으리라. 보지 않고서는 누구도 믿기 어려운 실험이었다.

어미 개를 장님이 나오는 자리에 묻은 지 두 달 만에 차츰 변화가 나타났다. 우선 먹이를 먹는 것부터 시원치 않았고 행동이 굼뜨기 시작한 것이다. 수명이 인간보다 짧고 영적인 면에서 많이 뒤진다 해도 이렇게 빨리 변화가 오리라곤 예측하지 않았었다. 세 마리의 새끼들 중 한 마리가 행동이 달랐다. 운동성이 떨어지고 비실거리더니 드디어 실명을 한 것이다. 그런데 얼마 후 채 3개월이 못되어서 나머지 두 마리도 실명을 했다. ≪동아일보≫ 기자를 비롯한 여러 사람은 정말 믿기지 않는 일이 벌어졌다며 아연실색하였다. 병원에서도 특별한 이유를 발견할 수 없었다.

조상유골의 환원에너지는 그 자손에게 유일한 동질적인 에너지이기 때문에 그 위력은 강력하다. 동조인가 간섭인가에 따라서 엄청난 길과 흉의 차이를 나타나게 된다. 나는 애초에 확신이 있었기에 이런 제의를 했고 그들은 직접 눈으로 확인했다. 개는 사람보다 수명이 짧아 환원에너지의 영향이 사람보다 빠르다. 그러나 이 실험은 세상에 공개되지 않았다. 그들의 변명에 의하면 세상이 어지러워질 가능성이 커서 감당할 수 없는 사태가 올지도 모른다는 것이었다.

그러나 나는 그때나 지금이나 변하지 않는 풍수관이 있다.

그것은 진실은 있는 그대로 밝히고 최소한 잘못된 풍수로 인한 피해는 줄여야 한다는 것이다. 풍수를 제대로 알면 나라의 안녕과 개인의 행복에 도움이 된다. 능력 있고 뛰어난 인재를 만드는 것도 가능하다. 사기나 감언이설로 세상을 현혹하는 정치인이 아닌 정도를 걷는 인재를 많이 배출하기 위해서도 꼭 필요한 학문이다.

사람들은 풍수가나 지관, 지사라고 부르는 사람들은 모두가 수염을 기르거나 도인 같은 모습을 연상하다가 나를 보면 오히려 평범한 외모와 젊은 나이에 놀라곤 한다.

풍수지리는 사실 노인보다 젊은 사람들이 연구해야 할 학문이다. 예전의 풍수가 막연한 암시와 제시로 지형의 모양에 매달렸다면 이제는 과학적인 사고와 통계분석으로 나아갈 길을 찾아야 한다.

묘에서 나온 도자기

그동안 가까운 일본은 물론 우리나라 전 국토를 수차례 현장 답사하면서 직접 확인하고 보고 배운 자료를 통계 분석 연구를 해가며 풍수가로 본격적인 활동을 할 때의 일이다.

경기도 가평에 사는 40대의 신 아무개 씨한테 산소감정을 의뢰 받았다. 그는 부잣집의 장손으로 태어났지만 월세방으로 전전하며 장손으로서의 역할을 제대로 하지 못하고 집안에서 인정도 받지 못하는 허울만 좋은 사람이었다. 대학까지 나오고 나름대로 열심히 살아보려고 취직도 해 보고, 여러 가지 일에 손을 대도 번번이 실패를 했다. 장이 좋지 않고, 부인과는 별거상태에 있는 중에 친구의 소개로 나를 만나게 된 것이다.

이야기만 듣고도 이 사람의 선조 묘가 어떻게 되어 있는지 감이 왔다. 예상대로 현장 감정을 해 보니까 묘 자리가 정상 기맥을 타지 못했다. 손바닥으로 시신의 기를 감지하자, 봉분에 물이 가득 찼다는 것을 알 수 있었다. 이렇게 봉분에 물이 차면 일시에 재앙이 겹쳐서 올 수 가 있는 것이다.

사람의 몸에서 기가 가장 많이 발생하는 곳이 손바닥이다. 무협지에 보면 장풍에 대한 이야기가 많이 나온다. 기공으로 병을 치료하기도 하고 수맥을 탐지하기도 한다는 것이다. 그런데 추와 수맥 탐지기로는 작은 양의 물을 파악하는 데는 한계가 있으며 제대로 파악하려면 기계로는 할 수 없고 손과 몸으로 감지해야 정확하다.

나는 특히 지기를 탐지하기 위해 손으로 수맥과 시신의 상태를 파악할 수 있는 기 훈련을 꾸준히 해 왔다. 이제는 묘를 파헤치지 않고도 시신의 어느 부분에 이상이 있는지 물과 시신의 상태는 어떤지 느낄 수 있다. 이것을 감지할 수 없고 알아맞히지 못한다면 나를 믿고 이장을 하지 못하는 것이다.

신 씨의 조상 묘 같은 경우, 묘에서 나쁜 파장인 간섭에너지가 계속 전해지기 때문에 그 자손이 잘 될 리가 없다. 우선 이 사람의 건강이 이대로 두면 더욱 나빠지는 것은 당연한 일이고 해서 좋은 자리에 산소를 이장하였다. 묘를 파헤쳐 보면 시신이 밖으로 노출되어 나쁜 영향이 올 수 있는데다 심한 경우는 뼈를 다 추스르지 못해 안 좋은 일을 당하는 경우가 있기 때문에 신중히 해야 한다.

이장을 할 때는 두 곳에서 일시에 진행된다. 하나는 새로운 자리를 잡아 광중을 만드는 일이고 또 하나는 물이 찬 지금의 자리에서 시신을 꺼내 새로 염을 하고 수습을 하는 일이다. 함께 일하는 수석인부에게 파묘를 시키고 신 씨와 나는 숨을 죽이며 지켜보고 있다. 광중 부분에 이르기도 전에 물기가 보였다.

시신의 상태를 보면 상주들도 종종 놀라서 뒤로 물러서는 경우가 많다. 심한 악취와 썩지 않은 살, 그리고 시신의 몸에 엉킨 나무뿌리와 해충 등을 보면 그럴 만도 하다. 드디어 관을 열자 시신의 형체가 드러난다. 역시 예측한대로 관속에 물이 가득 차 있었고, 30여 년이 지난 시신인데도 복부 쪽에 살이 그대로 썩지 않고 있으며 나무뿌리까지 잔뜩 엉켜서 보기에도 흉했다.

하지만 나와 함께 일하는 수석인부는 추운 날씨에도 불구하고 흉한 시신을 마치 어린아이를 목욕시키는 엄마의 손길처럼 어루만진다. 맨손으로 뼈 한 조각, 손톱 하나까지도 찾아내고 맞추어 놓는 그 정성스러움에 나는 늘 감탄하곤 한다. 새로 이장할 장소로 자리를 옮겨갔다. 인부들은 내가 올 때까지 기다렸다가 가장 중요한 부분인 광중까지 파 들어간다. 정확하게 땅의 혈을 찾아내는 것이 나의 몫이기 때문이다. 명당을 처음 찾을 때처럼 피토를 걷어내고 진토를 파고 혈토에 정확하게 안장시키는 일은 늘 긴장되는 순간이다.

지금 같은 경우는 내룡맥來龍脈이 강하고 튼튼한 곳을 골라야 한다. 그래야만 정신력이 강해지고 주관이 생기고 병도 빠른 시일 내에 완쾌될 수 있기 때문이다.

그런데 작업 도중 예기치 않은 일이 벌어졌다. 사각으로 혈의 위치를 그려준 부위를 인부가 파 내려가는데 이상한 소리가 들려왔다. 나는 이상한 조짐이 보여서 안에서부터 파 들어가지 말고 가장자리에서부터 살살 파내라고 시켰다. 울림으로 봐서 안에 무언가가 있을 법했다. 모두들 긴장을 하며 지켜보는데 드디어 조금씩 오래된 항아리인지 도자기인지 그 형체를 드러낸다. 꺼내어 흙을 털고 살펴보니 백자였다.

풍수에 대한 상당한 식견이 있었던 이 자리의 주인은 자식들에게 자리를 일러 주었고 그 징표로 도자기를 묻어 놓은 것으로 보였다. 하지만 결국 그는 살아생전 이곳에 묻힐 복덕을 짓지 못한 사람이었든지 자식이 그러한 사람이든지 한 것이 분명하다. 그러지 않고서야 이 같은 명당에 들지 못하고 그대로 있었겠는가 말이다.

내가 병의 치료를 처음으로 체험한 것은 십 수 년 전 충북 음성에서였다. 당시 직장암 말기로 연세대 세브란스 병원에서 수술을 받았으나 경과가 무척 좋지 않았고 소변 줄을 발목에 묶고 시한부 인생을 선고 받은 총각 포클레인 기사였다. 더 이상 병원에서 손을 쓸 수 없다는 말에 낙담을 하고는 죽을 날만 기다리고 있다가 나를 만나게 되었다.

양택에 비해 음택의 영향력이 월등히 크기 때문에 이장을 하기로 했다. 포클레인 기사의 부모 묘도 전날의 신 씨와 상황이 비슷했다. 관에 물이 차 있었고 복부 쪽에 살이 썩지 않고 물만 가득했다.

이들 두 사람의 경우 시신의 상태가 아주 흡사했고 또한 직장암이란 병까지도 비슷했다. 이 기사는 이장을 하고 7개월 동안 달고 다니던 소변 줄을 떼고 전처럼 활동을 하였다. 그 후 결혼까지 하고 당구장을 하며 잘 살고 있다.

증상의 변화가 빠르면 이장한 다음 날 즉각 나타나기도 한다. 병을 가진 사람의 경우가 특히 빠르다. 이장을 해서 나쁜 간섭에너지의 파장이 끊기며 새로운 동조에너지의 길한 파장으로 전환되는 과정에서 가끔 예기치 않았던 일이 일어날 수 있기도 하다. 그 증상은 사람에 따라 다르게 나타나기도 하며 여러 가지 형태로 온다.

병이 산에서 왔기 때문에 병의 원인을 산에서 찾아 차단해 주면 그 병은 더 이상 진행되지 않는다. 이론적으로는 쉬운 일이지만 그것이 현실화되는 것은 쉽게 납득하기 어렵다. 우리가 좀 더 과학적으로 밝혀내지 못할 뿐 이 전설 같은 이야기가 아직도 풍수에서는 가능한 것이다.

가평의 신 씨는 건강을 찾아서, 더 이상 병원에 다니지 않는 것은 물론 집에서도 장남으로 인정해주었다고 한다. 재산을 주면 다 말아먹는다고 집 한 칸도 신 씨의 명의로 마련해 주지 않았던 부모가 많은 재산을 상속해주었는가 하면 동생들한테도 대접을 받으며 새로운 인생을 산다며 의욕이 넘쳐 보였다. 그리고 만나는 사람마다 나에 대한 칭송을 입이 마르게 하고 다녔으며 나보다 나이가 많았지만 명절 때면 잊지 않고 아들과 함께 인사를 하러오고 심지어는 평생 은인이라며 세배까지 하곤 했다.

내가 써준 자리에 이장을 해서 그 영향으로 건강을 되찾고 가정이 평화로운 것을 볼 때 나는 지사로서 사명감과 자부심을 갖게 된다.

그런데 얼마 전 신 씨가 조상의 묘를 새로 이장을 했다고 한다. 이유인즉슨 아들이 맹장염에 걸렸는데 이것도 산소에서 오는 줄 알고 했다는 측근의 말을 들었을 때 너무 어이가 없었다. 누구나 걸릴 수 있는 맹장염은 병이라고 할 수 없다는 걸 왜 모르는지 한심한 노릇이다. 산소와 맹장염이 무슨 연관성이 있겠는가 말이다. 또한 신 씨는 이장을 할 때 12살짜리 아들한테 이 자리가 좋으냐고 물어보고 어린아이가 좋다고 고개를 끄덕이면 그 자리에 묘를 쓴다고 하니 더 어이없었다.

산소를 이렇게 막연히 기분 내키는 대로 쓴다는 것은 자칫 패가망신할 수 있는 일이다.

또한 신 씨는 그동안 나에게 풍수에 대한 기초지식을 배웠는데, 들리는 말로는 나한테는 배운 것이 하나도 없고, 스스로 풍수에 대한 공부를 몇 십 년 했다고 말하고 다니고 있다.

이장을 해서 그 변화된 모습을 몸소 체험했음에도 불구하고 이런 행동을 하는 것이 가엾게 보인다.

역시 덕이 없으면 아무리 좋은 명당자리에서도 받아주지 않는다는 걸 또 한 번 경험한 좋은 계기가 되었다. 새로 이장한 곳에서 어떤 복이나 재앙이 오는지 앞으로 지켜보는 것도 내겐 큰 공부가 될 것이라고 여긴다.

활처럼 휜 척추 뼈

현대과학으로는 이해되지 않는 일이 내게 벌어졌다. 2000년 봄 경기도 가평에서 있었던 일이다. 산소 중에서도 가장 좋지 않은 자리가 골짜기이며 냉혈인데, 냉혈에 묻힌 시신을 이장하며 있었던 일이다.

의뢰받은 산소를 감정하고 온 다음날부터 멀쩡하던 내 허리가 활처럼 둥그스름하게 휘어 버렸다. 허리 좌측으로 뼈가 휘어져 제대로 움직이지 못하게 되었다. 허리 디스크하고는 경우가 달랐다.

20대에 처음 풍수 일을 할 때도 이런 적이 몇 번 있어서 큰 병원에도 가보고 나름대로 검사도 해 봤지만 의학적으로는 전혀 이상이 없다는 결과가 나왔었다. 지금도 병원에 가 보았자 병명조차 밝혀지지 않을 것이 뻔한 일이다. 휘어진 허리에서 오는 고통이 표현하기 힘들 정도이다. 이제 결혼한 지 일 년도 채 못 된 신혼에 나의 이런 모습을 본 아내는 아내대로 안쓰러워하며 며칠 동안 약과 파스를 붙여주었지만 조금도 나아짐이 없었다.

이장을 해 주다가 지사가 병명도 없이 시름시름 앓다가 죽거나 정신병자가 되기도 하는 경우를 여러 번 보아 왔다. 이렇듯 극과 극의 자리에서는 그 파장이 지사에게 몸으로 전달되어 오기도 하기 때문에 이장은 함부로 해주는 것이 아니다.

내 몸이 아프다고 해서 계획했던 이장 일을 미룰 수는 없었다. 또한 내 고집이 있어서 그대로 일을 진행했다. 산을 오를 수가 없자 사람들은 들것을 임시로 만들어서 현장까지 나를 옮겼다.

결국은 휘어진 허리 그대로 땅바닥에 엎드리다시피 해서 일을 시작했다. 냉혈자리에서 명당으로 옮기는 일은 다 쓰러져 가는 초가집에서 번듯한 기와집으로 이사하는 것만큼이나 경사스럽고 좋은 일이다.

그런데 봉분을 만들고 잔디까지 입혀 이장 일을 마치자 어느새 휘었던 허리가 반듯하게 아무런 고통 없이 펴진 것이 아닌가. 나를 비롯해서 모여 있던 십여 명의 사람들이 모두 놀라서 눈이 휘둥그레졌다. 이런 기이한 현상을 어찌 글로 다 표현할 수 있을까! 직접 보지 않고는 그 누구도 믿기 어려운 일이었다. 그것뿐이 아니다. 공동묘지에서 묘주墓主가 자신의 어머니 묘를 못 찾아 한 시간 여 동안 헤매는 것을 찾아준 경우도 있었다.

음택은 살아온 업대로 묻히는 것이기 때문에 그분 어머니에 대한 성격이나 살아온 이야기를 듣고 나니 묘를 찾을 수가 있었던 것이다. 모든 묘지자리를 정확하게 다 지적할 수는 없지만 그 운명에 맞는 자리는 파악이 된다. 골에 묻힐 사람이 산 능선에 묻히지 못하기 때문이다. 땅에는 반드시 주인이 있기 마련이다.

나침반이 춤을 추다

나는 수많은 산일을 하면서 참으로 신비스러운 경험을 많이 겪었다. 그 중에서 강원도 홍천 야산에서 있었던 일이 생각난다.

경기도와 멀지 않은 곳에서 위치한 북한강의 지류인 홍천강이 흐르는 경치 좋은 평화로운 마을의 뒷산에서 산소 이장의 준비 과정이 순조롭게 진행되고 있었다. 내가 나침반으로 좌향을 보고 있을 때였다.

묘의 좌향을 잡을 때는 용맥에 따른 생기의 흐름을 먼저 잡고 부수적으로 나침반을 이용하여 적절한 방향을 잡는 것인데 갑작스럽게 나침반이 뱅글뱅글 돌면서 자리를 잡지 못했다.

나침반이 고장인가 싶어서 가지고 온 여분의 나침반을 꺼내어 다시 수평을 맞추었다. 그런데도 역시 나침반이 제 역할을 하지 못하고 뱅글뱅글 도는 것이었다. 고장이라면 좌우로 흔들릴 수는 있지만 이렇게 두 개의 나침반이 한 방향으로만 계속 돌다가 멈춰버릴 수는 없는 일이었다. 나침반을 여기저기 다른 위치에 놓아 봐도 역시 마찬가지였다.

이런 일은 아주 드문 경우이다. 이런 일을 당하면 마치 '지금 네가 하고 있는 일은 너의 소관이 아니다. 너는 인간이며 인간의 영역을 넘어서고 있는 것이다' 하는 경고처럼 느껴진다. 그 날은 구름 한 점

없이 맑기만 하고 바람은 잔잔하여 날씨는 더 없이 좋았는데 나침반으로 보아서는 산일을 해주지 말라는 것만 같았다.

사람은 운명대로 땅에 묻히는데 그 운명을 바꾸어 주는 것이 지사이다. 지금 자연은 지사인 나의 눈을 흐려서 명당자리로 들 것을 분명 훼방을 놓는 것이다.

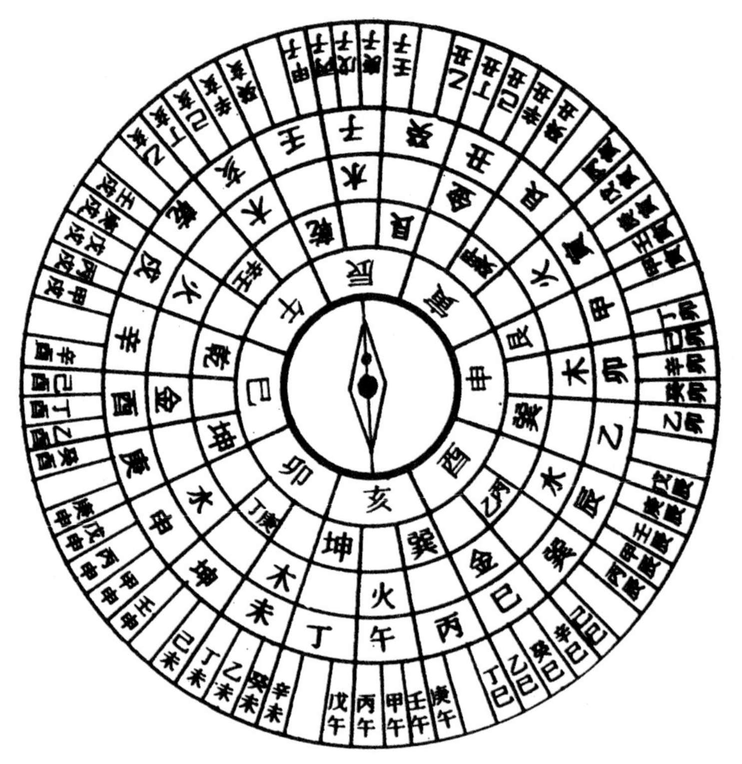

패철 5선도

그렇다고 한 집안의 일생일대 중대한 일을 그냥 중간에 포기하고 내려올 수는 없는 일이다. 그래서 나는 나침반으로 보는 좌향을 무시하고 기감으로 자리를 잡기 시작했다.

본래 좌향은 기맥을 따라 잡는 것이 우선이고 나머지를 좌향에 따라 맞추는 것이다. 기의 흐름을 무시하고 좌향이 먼저 되면 여러 가지 문제가 생기게 되며, 자손 중 무능한 사람이 나오거나 어려움을 당하게 되기 때문에 어느 지점을 혈처로 해서 좌향을 제대로 잡을 것인지에 쏟는 세심함은 진땀을 흐르게 한다.

광중을 팔 때도 마찬가지이다. 혈이 정해지면 깊이를 살피는 일이 또 중요하다. 너무 낮아도 안 되고 너무 깊어서도 안 된다. 수학공식처럼 일정한 깊이란 없는 것이다. 예컨대 '왕릉은 10자 깊이를 판다'는 말은 옳지 않은 것이다. 유교 관습을 장례법에 대해 잘못 적용한 것이다.

표피토 층과 맥피토 층의 아래 맥근토 층은 산의 에너지가 통과하는 층이며 물, 바람, 나무뿌리 등이 침입하지 못한다. 이곳이 혈토가 나오는 층이다. 이 혈토는 윤기가 흐르며 조직이 매우 단단한 비석비토非石非土이다. 이곳이 시신이 묻히는 아주 중요한 부분인 것이다.

천장을 하면서 주의해야 할 것은 각각 산마다 토질 층의 차이와 두께가 일정하지 않기 때문에 세심히 관찰해야 한다. 토질에 따라 토양의 퇴적 정도에 따라 깊이가 결정되는 것이다. 또한 광중을 파는 일은 힘이 들어도 사람의 힘으로 해야지 중장비를 사용하게 되면 장비의 진동으로 혈장의 조직이 파괴될 뿐 아니라 혈심의 파괴로 인해 물과 바람이 들 수 있기 때문이다.

조선의 22대 왕인 정조는 풍수에 상당히 지식이 풍부한 임금이었다. 아버지 사도세자가 뒤주에 갇혔을 때 할아버지인 영조에게 제발 아버지를 살려 달라고 애원했던 때는 그의 나이 11살이었다.

아버지가 할아버지에 의해 죽어가는 것을 직접 목격한 그는 아버지에 대한 사랑과 정이 대단했다. 다른 모습도 아닌 뒤주에 갇힌 아버지가 너무나 안쓰럽고 안타까웠던 것이다. 그러기에 아버지의 능을 옮길 때 그가 기울인 노력은 대단했다.

정조가 지시한 내용을 보면 그의 풍수에 대한 지식이 얼마나 깊은지 그리고 아버지를 좋은 곳으로 모시겠다는 열의가 얼마나 대단한지를 알 수 있다.

그는 특별한 사항이 없는 한 왕릉은 10자를 파지만 잘못하다가 생기를 건드릴 수 있으니 7자 정도에서 흙의 빛깔을 보고 기름진 진토眞土가 나오면 중지하라고 시켰다 한다. 또한 좌향을 잡을 때 형세론과 방위론이 오가자 패철로 다지는 풍수는 부차적인 것으로, 이는 본말을 모르는 것이며 주객이 전도된 풍수라고 했다.

정조의 풍수관은 정확했으며 아직도 나침반이 주가 되는 방위 풍수가 성행하고 있음은 안타까운 일이다. 지금도 나는 나침반보다는 산세를 보고 혈장을 살펴서 기감으로 자리를 보곤 한다. 도구에 의한 것보다 훨씬 그 정확성이 높기 때문이다.

일을 마치고 산을 내려와 나침반을 꺼내어 뚜껑을 열자 정상으로 작동하고 있었다. 이렇듯 가끔씩 산일은 신비한 일을 동반하곤 한다.

한마디 말도 신중하게

산을 다니다 보면 경치보다는 산의 모양과 물의 흐름이 먼저 눈에 들어왔다. 한 가지 공부를 위해서는 산을 수없이 오르내리고 일일이 산소 주인을 찾아다니며 확인을 해 보아야만 한다.

가령 선익이 깨진 경우를 확인하려면 한 달 이상을 다녀야 한다. 그러한 집안 후손의 상태를 확인해 보려면 한두 집으로는 확증을 할 수 없기 때문이다. 늘 하던 방식대로 마을 대표자의 집이나 이장을 방문해서 막걸리나 하면서 확인하는 것은 그래도 쉬운 일이다. 그보다 특별한 내용을 알자면 많은 어려움이 따랐다. 때문에 혈에 대한 세심한 공부가 필수적인 것이다.

때 맞춰 산소 감정 의뢰가 왔다. 그 집안가족까지 모여 일행이 이십 여명 정도가 되었다. 나는 내 방식대로 하나하나 자세히 설명을 해주었다.

안산이 높아 다른 사람들에게 당하고 사는 입장이고 좋은 일을 해주고도 좋은 얘기를 듣지 못하는 형국이었다. 산의 형세와 물의 흐름, 그리고 산소의 입수, 선익, 전순, 주작 등을 보며 읽어 주었다. 집안의 생활정도, 가족 중 이혼, 또는 재혼 등 감방에 들어간 내력이며 출세한 정도까지 모두 그곳에 있으므로 나는 해당되는 자손에게 그 사항을 세밀히 일러 주었다. 그런데 의뢰인은 그의 아들이 둘이라고 한 내 말이 맞지 않는다고 했다.

산에서 오는 현상이 조금 일찍 오고 늦는 경우가 있으나 산은 거짓이 없다. 망자가 두 번 결혼했거나 단명하거나 하는 사실이 틀릴 수 없듯이 자손의 이력도 그대로 나와 있기 때문이다.

지금 내가 말한 것이 틀리다면 나는 분명히 풍수지리를 그만 두어야 한다. 혹 주작이 들거나 안산이 높고 또는 전순이나 선익이 급절이라 교통사고 위험이 있는데 아직은 그러한 일이 없다면 그것은 내 능력부족보다는 개인의 노력으로 어느 정도는 재앙을 막을 수 있는 것이기 때문에 받아들여질 수 있는 것이다. 노력여하에 따라 늦고 빠르고의 차이는 있는 것이지만 지금 의뢰인이 사실과 다르다고 하는 것은 그러한 내용이 아니다. 확정된 사실이 내가 말한 내가 말한 것과 다르다는 것이다.

그는 분명 아들이 셋이라며 목소리에 힘을 들여가며 내게 따져 물었다. 내가 보기에는 분명 둘이어서 내 주장을 끝까지 고집을 했다. 주위 사람들은 이 팽팽한 긴장감을 지켜보며 서로 수군거렸다.

내가 끝까지 당당히 말하자 의뢰인은 오히려 당황해 하는 것이었다. 다른 집안의 내력은 다 맞추고 한 가지 사실이 틀렸다고 다들 안타깝게 생각하는 눈치였다. 그 일이 있은 지 얼마 후 의뢰인을 만나게 되었다.

그 날 산소 감정에서 자신은 아들이 셋인데 내가 틀림없이 둘이라고 말하자 내가 집안의 모든 내력을 일일이 맞추는 것을 보고는 아내를 의심했다고 한다. 결국은 아내한테 자백을 받고는 아들 하나는 자신의 아이가 아니란 것이 밝혀졌고 결국은 이혼을 했다는 말을 들었다.

나는 이 일로 한 가정이 깨지는 것을 보고는 많은 것을 느끼게 되었다. 내 말 한마디가 이런 큰 영향력을 미친다는 것에 이제는 감정을 하더라도 심사숙고해서 말하곤 한다.

상문살은 있는 것인가

상문살喪門煞은 초상집이나 이장할 때 찾아간 문상객에게 영향이 미치는 현상으로 초기에는 감기나 몸살 같은 증세를 보인다. 억눌리는 듯한 아픔을 느끼며 현대의학으로는 약도 없다. 세계의료기관의 질병 치료율이 25퍼센트-30퍼센트 정도라고 한다. 치료율은 모든 의사, 약사, 무술까지 합해도 30퍼센트 선이라고 한다.

우리가 파악한 질병이나 자연 현상은 미미한 수준이다. 서양의학이나 과학에 매달려 온 우리의 의식수준은 합리성이란 미명 아래 진정 큰 것을 잃고 있다. 병원에서도 해결하지 못하는 상문살의 치료법은 아주 간단하다.

우선 방안 사방에 소금을 뿌리고는 마른 고추를 3개 내지 5개 홀수로 준비한다. 그리고 불을 붙이면 고추가 타들어가며 매운 연기를 내뿜는데 환자가 견디지 못하고 재채기를 하면 그 순간 상문살은 나가고 마는 것이다.

정말 거짓말같이 상문살이 들어 죽어가던 사람이 아무렇지 않게 금방 회복되고 만다. 또한 북어, 미나리, 소금을 작은 상에 올려놓고 한 30분가량 둔 다음 환자 본인이 상을 들고 일어나 문을 열고 걸어나간다. 그리고는 난폭하다 할 만큼 길바닥에 내팽개치고 차갑게 느낄 만큼 냉혹하게 돌아서서 방으로 들어오는 것도 같은 효과를 볼 수 있다.

현대의 젊은이들은 미신 같아서 믿지 않을는지 모르지만 나 역시 이런 경우를 당해 봐서 누구보다 실감한다.

산일을 할 때였다. 돌아가신 분은 종교가 없었는데 가족들이 기독교를 믿고 있어서 장례식에 어느 목사가 참석하였다. 절차대로 기도도 하고 드디어 하관식이 시작되었다. 그때 마을의 지사 일을 도맡아 하셨다던 노인분이 주위에 있는 사람들의 생년을 따져서 죽은 사람과 상극인 사람은 여기 있지 말고 가라고 했다.

하관식을 집전하던 목사도 그에 해당이 된다고 하자, 그 말을 우습게 여기며, 하나님이 지켜주는데 무슨 헛소리냐고 하면서 그대로 일을 진행했다. 그런데 무슨 드라마같이 하관을 하자마자 그 목사가 멀쩡히 서 있다가 그대로 고꾸라져서 죽은 것이다. 그 자리에 있지 않고 보지 않은 사람은 말로만 듣고는 믿기 어려운 이야기이다.

이 시대의 화장 문화

역사적으로 우리나라는 유교적 문화 아래 조상을 잘 모셔야 복을 받는다는 사상을 기준으로 살아왔다.

풍수지리학은 땅 속에서 직접 생기를 얻는 조상의 유골과 역시 땅의 기운을 받아서 사는 살아있는 후손과의 감응으로 그 기운이 전달된다는, 즉 같은 DNA를 가진 인자들 간의 '동기감응'의 원리에 기반한 것이다.

이렇듯 음택은 후손에게 길이 되거나 흉이 될 수 있는 중요한 절차이다. 그래서 조상을 모실 때 주의를 기울여야할 것이 있다. 바로 목렴(나무뿌리가 관속으로 들어가 뼈를 휘감는 것), 수렴(시신 속에 물이 스며드는 것), 충렴(묘 속에 벌레나 짐승들이 들어가는 것), 풍렴(바람의 영향으로 시신이 까맣게 되고 뼈가 부서지는 것), 화렴(시체의 일부 또는 전체가 불에 탄 것처럼 되는 것) 등이라고 할 수 있는데, 조상의 시신을 함부로 방치하거나 훼손시키면 그 기를 받을 수 없기 때문이다. 이러한 학설에 근거하여 일종의 '화렴'과도 같은 화장 문화가 후손에게 미치는 영향은 상당히 크다고 할 수 있다.

화장은 고구려 때 불교가 들어 들어오면서 차츰 행해졌으며, 불교식 화장법을 다비茶毘라고 한다. 지금의 화장법은 1912년 조선총독부에서 발표한 화장에 관한 규칙에 의해 퍼지게 된 것이다.

통계에 따르며 근래에 화장을 하는 인구가 80%에 육박한다고 한다. 여기서 문제점은 시신을 화장하게 되면 3000℃가 넘는 고온에서 흔적도 없이 사라지게 되는 동시에 후손들과의 '동기감응'도 소멸하게 된다는 것이다. 즉, 화장을 하고 남은 골분을 명당에 모셔도 후손들에게는 아무런 길함이 없다는 것이다.

또한 화장 후 유분 처리 방식에서 장사치들의 수완에 속아 비싼 값에 수목장을 하거나 납골당에 안치하는 것은 좋지 않은 행위이다. 수목장을 한다는 것은 앞서 말한 것처럼 화장은 하였지만 나무뿌리에 시신을 모시는 모양새가 되기 때문에 일종의 '목렴'이 되는 것이기 때문이며, 납골당에 안치하는 것은 유분이 자연의 품으로 돌아가지 못하기 때문이다.

물론 조상에게서 좋지 못한 영향을 받을 때에는 차라리 득도 실도 없는 화장 문화를 선택하는 것이 좁은 땅덩어리에 사는 현실에서 필요할 수밖에 없는 상황이라 볼 수 있다. 그러나 돌아가신 조상에게서 어떤 음덕을 얻는다는 것에 연연하기보다는 음택을 정할 때 살아있는 자의 도리를 다해야하는 본래의 취지를 잊어서는 안 되며, 자신을 뼈대 있는 집안의 자손이라 자부하면서 조상의 뼈를 함부로 태워 뿌리는 성의 없는 행동을 절대 행하지 말아야 할 것이다. 그러므로 거창한 묘소를 만들어 산림을 훼손하는 것이 아니라면, 좋은 명당을 찾아 조상을 모셔 후손에게 대대로 좋은 기를 물려주는 것이 좋은 장례 문화라고 할 수 있다.

〈음택사례〉_묘지 근처까지 찾아온 개발

개발이라 하여 여기저기 산들을 무자비하게 파헤치면서 굽은 길을 똑바로 펴는 일을 자주 본다. 이런 개발로 인해 자연이 그 생기를 잃게 되는 경우도 개발의 빈도와 같이 늘어나고 있다. 자연을 가능한 손상시키지 않으면서 길을 내야 마땅할 텐데 생활의 편의를 위해 자연은 뒷전이다. 이러다보니 땅의 기운이 점점 약해진다. 일제 강점기 때 산에 손가락 굵기의 쇠말뚝만 박아도 그 산의 정기가 막힌다 했거늘 하물며 8차선 도로니 4차선 터널이니 하며 자연을 훼손하고 있으니 그 폐해는 얼마나 크겠는가.

아무리 좋은 자리라도 혈 가까운 곳(50미터 이내)에 큰 변화가 생겼다면 그 지세는 바뀔 수가 있다. 없던 길이 묘 양편으로 생겨나니 땅값이 올랐다. 하지만 자손 중 장손에게 특별한 이유 없이 마음이 초조해지고 남을 기피하는 일이 생겼다. 친한 친구마저도 만나기가 두려워졌다. 심해서 협심증을 의심할 정도였다. 그림의 아래쪽 묘는 적지만 그 나마라도 맥을 타긴 했다. 이러한 증세가 덜했다.

그림의 경우는 새 길이 나면서 좌청룡 우백호가 감싸기는커녕 오히려 묘 양편을 갈라놓고 있다. 이러한 묘지자리는 후손 중에 자살할 사람이 나오기 쉽다. 세찬 바람이 새 길을 따라 양쪽에서 치고 들어오는 형세이기 때문이다. 그래서 이장을 하기로 결정했다. 묘를 옮기고 나니 그 전 앓았던 협심증이나 대인기피증이 사라지고 오히려 전보다도 마음이 편해졌다고 한다.

〈음택사례〉_사맥과 골

낮은 구릉의 옆구리에 쓴 묘들을 흔히 볼 수가 있다. 이는 햇볕이 잘 드는 양지바른 곳이 바로 명당이라는 단편적인 풍수상식이 빚어낸 결과라 할 수 있겠다. 조상을 모실 때 생전 살았던 마을을 굽어볼 수 있는 전망 좋은 터에다 늘 볕이 잘 드는 곳을 택했기 때문이다. 이런 자리는 대체로 마을 뒷산 같은 데서 가장 흔하게 본다.

마을의 동산은 산의 기운이 순조롭고 부드럽게 전해지기에 명당은 아니더라도 좋은 터로는 손색이 없다. 반대로 산악이 험하고 높으면 땅에너지가 넘칠 것 같지만 실제로는 큰 인물이 나기에 적합지가 않다. 높이 위로 솟은 산들은 보기에는 좋은지 모르나 땅으로 흘러야 하는 생기가 하늘로 솟고 생기가 멈춰 있다. 명산名山엔 명당明堂이 없다는 말도 이로부터 유래한다.

그런데 마을 뒷산에 묘를 쓸 때는 우선 양지바른 곳을 먼저 찾기에 맥이 무시되는 경우가 많다. 맥은 산의 에너지가 흐르는, 즉 생기가 움직이는 통로다.

그림에서 맥 옆에 쓴 좌측의 3기의 묘들은 그 맥을 이어받질 못하고 있다. 이를 사맥 즉 묘를 죽은 맥에 썼다고 한다. 이런 자리는 아무리 볕이 잘 든다해도 파묘를 해보면 상당수 묘 안에 물이 꽉 찬데다가 냉혈이기 쉽다.

하지만, 그 옆의 3기의 묘는 일단 맥 위에 썼다는 점에서 전혀 어긋난 묘 터는 아니다. 더욱이 비록 미약하지만 좌청룡이 뚜렷하다. 이런 경우 후손 중에 낮은 직위의 공직자는 나올 수 있다.

그림에서 또 주의해서 볼 것은 집터이다. 집터는 골(골짜기)에 써서 풍수에서 가장 안 좋은 터를 잡고 앉아 있다. 소위 '골로 간다'는 말은 이런 경우로부터 출발했는데, 골에 집이나 묘를 쓰면 한순간에 흉한 일이 벌어질 수가 있다. 이런 집들 역시 흔하게 보게 되는데, 바람을 막을 수 있다 하여 바람만을 의식한 터 잡기에서 물의 흐름이 무시되었기에 그 화를 면치 못하게 된다. 단, 나무들을 심어 그 화를 면해보려는 비보풍수를 응용한 것은 천만 다행이라 아니할 수 없다.

〈음택사례〉_취기에 쓴 묘

취기聚氣는 산에서 내려오는 기가 모여 머물렀다 가는 곳이다. 그 주변보다 높은 자리로 약간 도톰하며 가마솥 뚜껑을 엎어놓은 모양이다. 그 바로 아래 혈(혈장)은 취기보다는 넓고 조금 낮은 자리로 묘를 쓰기에 적당한 공간을 이루고 있는 곳이다.

그림의 묘는 바로 취기에 썼기에 자손이 끊기게 될 자리이다. 후손의 손길이나 돌봄이 전혀 느껴지지 않는 묘였다. 꽤 큰 봉분으로 보아 권력자의 묘이거나 재력이 넘치던 삶을 살았던 사람이 묻혀 있으리라고 추정되지만 이에 비해 자손들은 조상의 묘를 돌봐줄 만큼의 넉넉한 생활로 대물림하지 못했음을 묘의 관리 상태로 알 수가 있다.

전해져 오는 이 묘의 이름은 '솟을 묘'로 묘가 점점 위로 들린다고 한다. 취기에 쓴 묘는 그 생기가 위로 솟아 밖으로 분출되어 좋지 않다. 취기의 바로 아래에 썼다면 후손들의 삶도 달라졌을 것이며 묘의 상태도 지금과 같이 버려진 것처럼 되진 않았을 것이다.

〈음택사례〉__양택지에 쓴 묘

경기도 북한강변엔 막내딸을 왕에게 시집보낸 한 아버지의 묘가 있다. 왕비는 임금인 남편 앞에서 아버지의 묘가 초라하다며 슬퍼하자 곧바로 묘를 쓰게 했다고 하는데 명당이라 하여 자리를 잡았을 그 묘에 앉아 있자니 마음이 편하지 않았다. 물론 앞이 탁 트이고 양지바른 곳이라 시선으로는 전혀 답답할 것이 하나도 없었다. 그러나 수십 기의 비가 있었음에도 불구하고 오히려 묘는 썰렁했다.

묘지는 넓다고 좋은 것이 아니다. 명당은 우선 아늑하고 포근한 느낌이 드는 곳이어야 한다. 좌청룡 우백호는 안으로 감싸고 있지만, 혈 뒤로 맥이 시원치 않다.

차라리 양택지로 더 적합하다. 마침 앞 강 건너 안산은 부봉사라 이 자리는 식당이 들어앉으면 손님을 많이 끌 수 있는 터다. 아무리 좋은 터라 해도 그 땅이 제 주인을 만나야 비로소 그 기운이 넘친다.

〈음택사례〉_부모 곁에 쓴 묘

평소 묘 주인의 삶은 명예를 소중히 했으나 우백호가 약해 자손들이 재물과는 거리가 멀다. 묘의 앞산인 안산이 일자문성으로, 일자문성은 지위가 높은 관료를 배출한다. 묘 주인의 큰 아들은 군수가 되었다.

그러나 주인의 묘 우측의 묘는 군수를 지낸 아들의 묘로 일자문성이 앞에 있다 하나 정면을 향하지 않았고 혈 또한 부모의 묘와는 달리 좌청룡이나 우백호도 없다. 자손의 영화는 이 묘로서는 더 이어지기 힘들다. 재물 역시 모으지 못한다.

부모 곁이 묘지자리로 썩 좋은 것만은 아니다. 세종임금이 아버지인 태종의 묘가 있던 헌인릉에서 벗어난 뒤에야 자식들이 그나마 안정할 수 있었던 사례와 비슷하다. 세종 임금의 묘가 지금의 여주 땅으로 이장하기 전에는 세종의 아들 세조가 세종의 손자 단종을 죽이는 가족 간의 참극이 일어났었다.

〈음택사례〉_묘 주변의 바위

묘 주변에 바위가 많다. 좌청룡 끝에 바위가 박혀 있는데 그 형상이 아담하여 보기에도 좋다. 묘 주인의 막내아들의 삶이 잘 풀렸을 것이다. 좌청룡 윗부분은 장남, 끝부분은 막내아들과 관련이 있다.

바위는 그 형태의 곱고 거침에 따라 길흉의 전개가 전혀 달라진다. 눈에 의한 판단, 즉 눈에 거슬리면 흉으로, 부드러운 인상이면 길로 본다. 박정희 전 대통령 선친의 묘 앞에 바위가 박혀 있는데 바위가 날카롭다. 이런 것을 '주작이 들었다'고 하며 주작이 들면 돌에 맞아 죽는 자손이 난다. 풍수에서 돌이나 총은 같은 의미로 쓰인다. 부하의 총에 맞아 죽게 된 일은 이미 운명적으로 정해져 있었다.

바위산은 대체로 기가 세며 그 중 양산은 기도나 기원을 잘 받아준다. 포천의 운악산과 충남의 계룡산이 이에 해당한다.

〈음택사례〉_공동묘지

자손이 잘 되려면 조상을 명당에 모시면 되지만 한편 잘 못 쓴 자리로 인해 오히려 자손에게 더 나쁜 영향을 줄 수도 있다. 그럼 조상을 땅에 모시지 않고 화장을 하면 어떻게 되는가.

사람은 죽는 순간부터 육신의 에너지는 물질 원소의 환원법칙에 따라 환원처인 자손에게로 오게 된다. 이러한 조상의 에너지는 공명현상에 의해 자연히 자손의 생명체 에너지에 영향을 주게 된다. 하지만 화장으로 육신이 사라지면 그 조상의 영향력도 소멸되고 만다.

이래서 화장을 하면 무해무득, 즉 해도 없고 득도 없다는 것이다. 이래서 잘못 쓴 묘지자리보다는 나을 수 있다.

그림에서처럼 우리 주변에 흔히 볼 수 있는 묘들로 청룡과 백호가 감아주지 않는 공동묘지와 같은 곳에 묘를 쓸 바에는 오히려 화장을 함으로써 흉을 막는 게 더 나을 수가 있다.

〈음택사례〉_명당의 전형

좋은 자리, 즉 명당을 찾아내는 일을 심혈법이라고 한다. 풍수는 현장을 무시할 수 없는 학문이기에 산의 생김새와 그 기운을 직접 느껴보는 일이야말로 명당 찾기의 기본이라고 할 수 있다.

명당을 찾으려면, 우선 예정된 자리의 뒷산인 주산(주봉)을 보고 산의 기운을 파악한다. 용이 힘차게 꿈틀거리고 있는 모습을 연상해봄으로써 그 기운을 감지할 수 있다. 주산의 모양새가 어깨가 처진 듯 힘을 잃고 있다면 일단 결격이다. 또 너무 지나쳐 울퉁불퉁 요동을 친다면 이는 과용이나 극렬이니 좋은 자리라 할 수 없다. 일단 보기에 힘차고 아름다워야 한다. 그림에서처럼 맥을 타고 있으면서 주산이 일자문성을 이루고 있다면 매우 좋은 자리라 할 수가 있다. 높은 지위에 오를 후손이 나올 자리임을 알려준다. 실제로 후손(가운데 묘의 주인) 중에 이조판서를 지낸 사람이 나왔다.

다음으로, 앞산인 안산과 조산의 모양새를 본다. 안산이 산세가 거칠거나 산소자리보다 높아서 치켜봐야 한다면 좋지 않다. 주변 산들이 묘를 향해 우러러보는 형상이면 묘의 주인은 살아생전 남들로부터 추앙을 받을 직위나 덕을 쌓고 살아온 사람임을 알 수 있다. 그림을 보면, 역시 규모는 작지만 일자문성의 토체와 그 좌측으로 마치 솥뚜껑을 엎은 듯한 모양의 부봉사가 있어 좋은 자리라 할 수가 있겠다.

그 다음으로는, 좌우를 감싸고 있는 좌청룡 우백호를 보는 것이다. 청룡 백호가 너무 크거나 높아서 묘를 누르는 기세라면 명당으로는 부적절하다. 명당은 주변 산세와 조화를 이루고 있어야 한다. 그림의 묘는 좌청룡에 토체가 놓여 있어 명예도 좋고, 우백호가 두 개나 감고 있어 후손에게 재물을 넉넉히 전할 자리이다.

또 묘의 앞이나 주변의 물줄기를 보는 것도 빼놓을 수 없다. 그림에서는 묘와 안산 사이에 강이 흐르고 있으며 그 강의 방향이 묘를 향해 완만하게 흘러들어옴으로서 재물을 끌어안는 형상이다.

이곳은 명당의 전형을 보여주는 자리다. 이곳에 앉아 있으면 우선 마음이 편해진다. 주변의 산세가 묘를 향해 포근하게 앉아 있기 때문이다. 바로 이것이 자연(땅)과 인간과의 감응이요 조화이다.

〈음택사례〉_타산지석

잘못 쓴 자리를 살펴봄으로써 잘못된 터 잡기에서 벗어날 수가 있다. 타산지석인 것이다.

그림을 보면 우선 좌청룡이 안으로 감고 있고 뒤(주산)로 토체가 있어 묘의 주인이 정치인이었음을 일러주고 있다. 또 강 건너 앞산(안산)들이 묘를 향해 숙이고 있는 형상은 묘의 주인이 꽤나 영향력이 있는 정치인이었음을 암시하고 있다.

이 그림의 특별한 점으로는 바로 앞(안산 또는 조산)에 봉우리가 뾰족한 산이 불쑥 튀어나와 있다는 것이다. 이 봉우리가 만약 강 건너쯤의 거리에 있었다면 문필봉으로서 후손 중에 학자나 의사 변호사가 나왔을 것이다. 그러나 너무 가까이에서 치솟고 있어 묘를 압도하고 있다. 이는 나쁜 결과만을 초래할 뿐이다. 문필봉이든 일자문성(토체)이든 영상사든 부봉사든 아무리 좋아 보이는 산도 묘지자리와 조화를 이루지 못한다면 아무 소용이 없다. 그런 이유로 해서 그림의 묘지자리는 명당의 자리에서 일단 배제된다.

또한 그 문필봉이 우백호에 자리하고 있는 점도 문제다. 여자를 관장하는 우백호에 위치한 우뚝한 문필봉은 주장이 강한 여자를 연상케 한다. 여자의 입김이 센 후손이 나올 수 있는 자리이다.

그리고 앞에서는 물길이 묘를 향해 들어오는 예를 보았다면, 여기서는 그 반대를 보게 된다. 묘에서 내려다보면 물길(북한강)이 오른쪽으로 흘러 빠져나간다. 이는 들어오던 재물도 빠져나가는 경우로서, 후손은 돈(재물)과는 거리가 멀다. 한 재벌 회장의 모친의 산소자리도 이처럼 물길이 빠져나가는 형상을 하고 있는데 그 아들인 회장은 법망을 피해 외국으로 도피생활을 전전하는 등 말년이 비참하기 그지없었다.

이 자리에 앉아 있으면 영 편하질 않다. 터는 높고 넓어 전망이 탁 트여 시야로는 시원함에도 불구하고 왠지 마음은 불안하고 부담스럽다. 평평하게 잘 다져진 봉분 주변은 봉분과 좌청룡 우백호 사이의 골이 없어 터만 휑하게 넓을 뿐 나쁜 기운을 없애기는커녕 그 기운을 묘로 향하게 하고 있다. 자연을 훼손시키며 큰 주차장을 만들어 놓은 것도 묘지자리의 기세를 죽이는 결과를 초래하고 말았다.

이러한 대형 호화무덤은 흔하다. 전망은 뛰어나나 풍수의 기본을 갖추지 않았고 무덤의 크기(권위)만을 앞세워 자연을 훼손했기에 자연과 인간의 조화를 무시한, 겉만 치장한 묘에 불과할 뿐이다. 지나치게 큰 봉분과 비석이 그 부조화에 오히려 초라해 보일 지경이다.

〈음택사례〉__박정희 전 대통령 선친의 묘

박정희 전 대통령 생가의 뒷산을 오르면 그의 선친의 묘소가 있다.

그 터에 서보면 탁 트인 시야가 우선 호쾌하다. 주위의 모든 것들이 이 묘를 향하여 굽어보고 있는 형상이다. 선친의 묘 건너 멀리엔 생가에서 보이던 것과 마찬가지로 여러 개의 토체가 보이지만 전혀 어느 것도 위압적이지 않다. 명당의 조건을 갖추고 있다.

그런데 이 그림에서 주목해서 보아야 할 것이 바로 묘지 주변의 바위나 돌이다. 부모의 묘 앞에 각진 바위들이 박혀 있다. 이는 돌에 맞아 죽을 후손이 나온다는 암시이다. 돌은 총일 수도 있고 칼일 수도 있는 넓은 의미의 표현이다. 결국 무덤의 바위처럼 후손인 전직 대통령은 총에 맞아 쓰러졌다. 만약 바위가 지금처럼 거칠거나 모나지 않은 둥근 돌이었다면 오히려 큰 인물이 더 났을 자리이다.

묘 바로 앞에 각진 돌이 박혀 있다면 후손 중에 뇌사자나 뇌졸중 환자가 나올 수 있다. 조심해야 한다. 또 바위의 위치가 묘보다 높아서 '앞이 들렸다'고 하는 형상이 되면 그 폐해는 더 커진다.

권력은 잡았으되 그 삶의 끝은 영예롭지 못했다. 그가 묻힌 국립현충원의 음택 역시 후손에게 나쁜 영향을 남겨주고 있다.

처음과 끝의 일관성이 없어 아쉬운 묘지자리이다.

〈음택사례〉_박정희 전 대통령 내외의 묘

현충원에 있는 박정희 전 대통령 내외의 묘역이다.

유명한 풍수지사가 명당자리를 잡아 썼다고 하지만 흔한 공동묘지나 동네 뒷산의 옆구리에 쓴 나쁜 자리의 전형을 보여주는 대표적 사례라 할 수가 있다.

산의 끄트머리에 그것도 산 옆구리에 묘지자리를 썼으니 맥이 짧은 데다가 끊겼다.

또 찾아올 사람들이 많을 것을 의식해 묘지 아래로 큰 길을 열어 오히려 취기에 해당하는 땅을 꺼지게 함으로써 그 작은 맥마저 없애고 말았다. 이 묘의 방문객들을 위한 주차장이나 도로를 내기 위해 국립묘지의 맥을 끊음으로서 묘지 주인도 전순의 취기를 잃었고 남들의 운도 잃게 한 경우가 되겠다.

묘 앞의 낮은 구릉은 국가유공자 묘역으로 오히려 이 터가 풍수적으로 전직 대통령의 묘지자리보다 낫다. 이 낮은 구릉은 묘의 앞산(안산)에 해당되는데 이곳이 들려있음으로써 묘에 나쁜 영향을 끼친다.

다시 말하면 산 옆구리에 쓴 이 자리는 골이 시작하는 곳으로, 음택으로 써서는 안 될 자리다. 골바람이 차올라오는 자리는 풍수상 가장 꺼리는 곳이다. 자손들이 뿔뿔이 나뉘고 콩가루 집안이 되기 십상이다.

묘는 모두 그 주인을 가지고 있다. 묘에 들어갈 사람의 살아생전의 운명이 그 터에 고스란히 담겨져 있다. 이 무덤의 주인들은 모두 비명에 가질 않았던가. 자연의 섭리를 절대 무시할 수 없음을 일깨워주는 전형이라 아니할 수 없다. 역시 산을 알면 운명이 보인다. 인간은 속여도 자연은 속일 수 없다.

〈음택사례〉_현충원

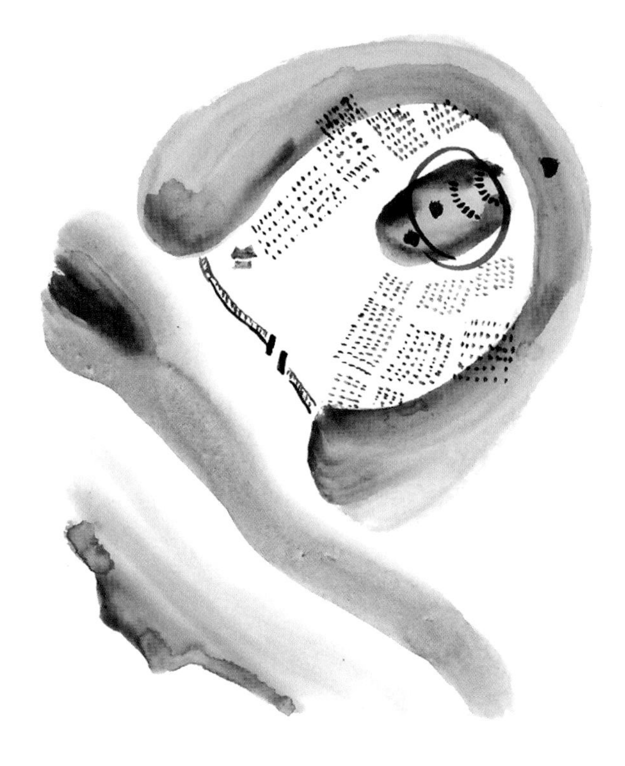

서울 동작동 국립묘지(현충원)는 풍수의 기초를 익히기에 충분할 만큼의 사례를 간직하고 있다.

우선 청룡 백호가 고르게 조용하게 예쁘게 감싸고 있다. 방위는 북쪽을 향하고 있지만 안산으로 남산이 토체(서울의 다른 방향에선 토체로 보이지 않는다)를 이루고 있으며, 앞으로 한강이 흐르고 뒤로 산을 끼고 있으니 풍수의 기본인 배산임수지로 아주 적절하다.

그러나 아무리 넓은 터라 해도 가장 좋은 자리, 즉 명당은 단 한 곳에 불과하다. 서울 동작동 국립묘지 안에서 가장 좋은 터는 이 터를 잡을 당시의 무덤 주인이 이미 차지하고 있다. 그녀는 중종의 후궁이자 선조의 할머니인 창빈 안씨로, 후궁임에도 불구하고 그녀의 자손이 선조 이후 역대 왕위를 계승할 수 있게 되었는데, 그 원인을 이곳 명당 터에서 얻을 수가 있다. 창빈 안씨의 묘는 국립묘지의 중심에 있으면서도 땅의 기운이 모여 있는 취기(명당자리론 적절치 않다. 그 아래가 적합하다)에서 약간 아래로 있는데다가 땅의 흐름의 정점에 위치하고 있다. 이 창빈 안씨의 자리에서 보면 멀리 앞산(안산)인 남산의 형태가 토체를 닮아 결과적으로 자손 중 임금이 나올 수가 있었던 것이며, 혈의 뒷산(주산)이 단단히 맥을 타고 있고 좌우로 청룡 백호가 힘차게 감싸고 있으니 후손이 번창하지 않을 수 없다. 더욱이 한강 물이 묘를 향해 모여들고 있다.

하지만 명당은 그 넓은 국립묘지에선 이곳뿐이다. 이승만의 묘는 맥의 옆구리에 써서 자손이 없고 장군묘역이나 국가유공자묘역은 맥에서 약간 빗겨가 명당의 기운을 다 받지 못하고 있다.

여기선 안타깝게도 나라를 위해 자신의 젊은 목숨을 버려야 했던 고귀한 삶들이 푸대접 받는 현장을 목격하게 되는데, 이들 고귀한 희생들은 모두 국립묘지의 골(골짜기)에 쓰여 있다. 자식도 없이 일찍 죽으면 맥을 타지 못한다는 풍수의 통설대로인가. 삶의 궤적으로 나타나는 땅은 거짓말을 하지 않으니 풍수가로서 더 통절한 안타까움과 더 애절한 아픔을 달리 누를 수가 없어 참으로 괴로울 뿐이다. 젊은 희생 모두를 명당으로 다 옮겨주고 싶어 국립묘지나 경찰유공자 묘역을 종종 들리곤 하는데 한참 그들을, 그들의 삶을 우러러보다 끝내 등을 돌리고 나올 때면 저릿한 마음에 가슴이 미어져 온다. 풍수가로서도 어쩔 수 없는 자연의 섭리에 머리가 숙여질 따름이다.

〈음택사례〉_발복이 빠르다

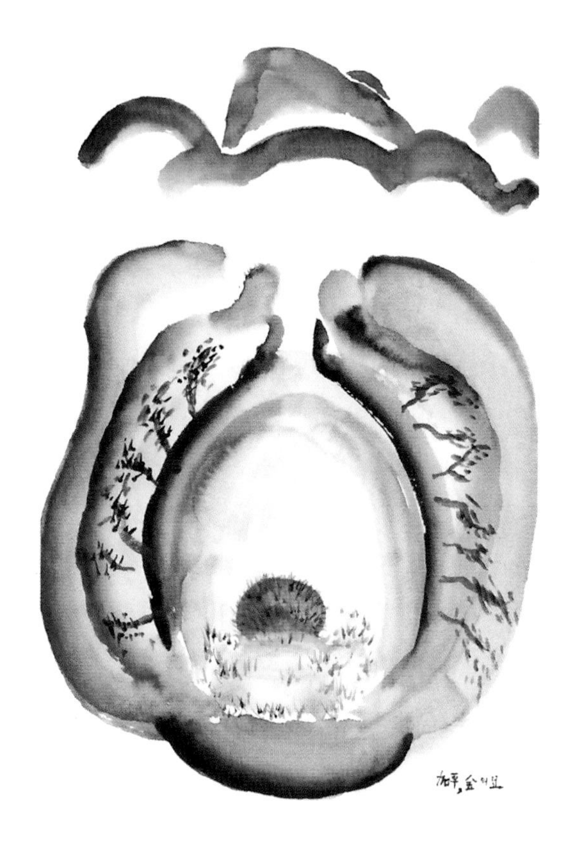

모든 것에 수평이 깨지면 문제가 생기기 마련이다. 도로 및 신도시 건설로 남자를 상징하는 산허리가 잘려 나감으로써 여성들의 입지가 날로 강화되고 남자는 점점 기를 쓰지 못하게 되는 게 요즘의 현실이 아닌가 싶다. 풍수학에서 보면, 여자보다 남자가 잘 되어야 집안이 무난하고 평온하다. 우백호보다도 좌청룡이 발달해야만 재산문제로 인한 분쟁이 없다. 조상의 묘 중 좌청룡이 외면하고 우백호가 발달하면 경제적으론 부유하게 살고 있긴 한데 유산분쟁 등으로 시끄럽다. 반면, 명예를 관장하는 좌청룡이 발달해 있으면 형제간의 우애와 가족 간의 질서가 더 공고했다.

그림의 묘는 명당의 전형이라 할 수 있다.

안으로 감싼 좌청룡과 우백호의 양 끝(수구)이 가깝게 붙어 있어 발복이 빠르고 또 청룡 백호가 나란하고 규모도 엇비슷해 집안의 질서가 잡혀있다. 물(한강)이 청룡 쪽에서 백호 쪽으로 흘러드는 좌선수에다가 뒷산인 주산은 완만하게 둥근 모양의 부봉사로 맥을 타고 있다. 봉분과 좌우 청룡 백호 사이의 골도 깊어 나쁜 기운을 수구로 내보낼 수 있기도 하다. 혈의 뒤쪽이 마치 알을 밴 것 같이 봉긋해 보기에도 취기(기가 모여 있는 곳. 취기엔 혈을 쓰지 못한다)가 단단하고 묘 앞의 언덕인 전순이 길어 자손의 영화가 오래갈 수 있겠다. 묘 앞 좌측에서 골바람이 불어오지만 좌청룡의 끝이 올라가 이 바람을 막아주고 있다. 만약 골바람이 묘 쪽으로 불면 후손 중 언청이가 나올 수 있다. 또 좌청룡의 끝으로는 막내의 삶을 예상할 수 있는데 둥근 형상이 볼록하게 올라와 막내의 삶이 잘 풀릴 운명임을 시사한다.

앞산인 안산이 들쭉날쭉 출렁거리니 이 무덤의 주인은 대인관계에서 구설수에 오른 적이 많았겠다. 안산 뒤로 어깨 넘어 숨은 듯이 묘 쪽을 바라다보는 작은 산(규봉)이 있으니 첩이나 정부인 외의 여자를 들였음을 알 수 있다. 안산은 완만하고 부드럽게 놓여 있는 게 좋다. 또 안산의 높이는 묘에서 앞을 바라다 볼 때 어깨 높이가 적절하다.

이 묘지자리를 지금의 약간 우측으로 옮겼다면 더 좋았을 것이다. 같이 보이는 자리라도 약간의 차이로그 후손의 운명이 달라질 수가 있다.

〈음택사례〉_명당은 결국 한 자리

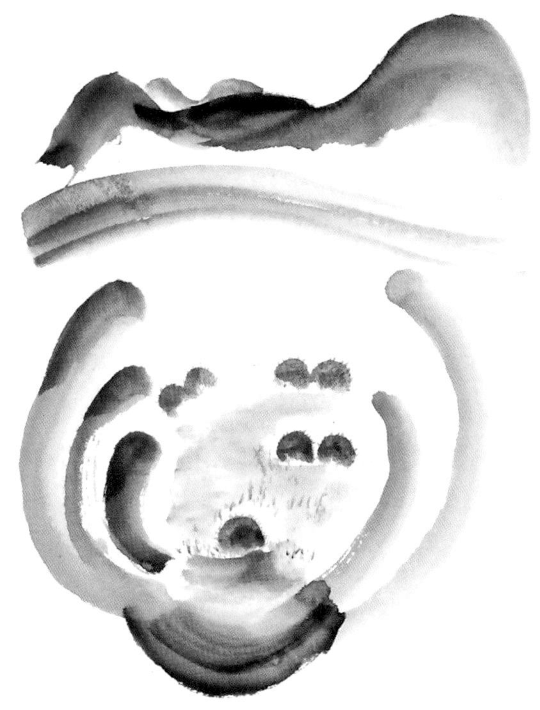

가평에 있는 그림의 가족묘는 명당의 기본에 충실했다. 우선 뒷산(주산)의 맥을 보면 그리 크진 않지만 봉우리가 둥글게 생긴 예쁜 부봉사로 맥을 타고 있다. 앞으로 큰 강이 흐르고 있지만 물길이 묘(혈)를 향해 몰아쳐 들어온다거나 빠져나가지도 않았다.

이 자리에서 주의 깊게 보아야 할 대목은, 좌청룡 우백호가 여러 번 감았다는 사실이다. 좌청룡은 셋이나 되고 우백호는 둘이다. 청룡이나 백호가 여럿이면 그만큼 그 기운도 강하다. 많이 감을수록 그 영향도 크다 했으니 권력과 재물을 모두 끌어들일 명당자리임에 틀림없다. 재물을 관장하는 우백호만 홀로 강하면 가족 간에 돈 문제로 잦은 불화가 있을 수 있지만 다행히도 좌청룡 역시 강하기에 우백호의 힘을 조종하고 있다. 권력과 명예가 재물을 다스린다고 보면 된다.

그러나 터의 높이가 너무 낮은 게 흠이다. 도로변에 위치한 이 자리는 앞산인 안산이 묘보다 상대적으로 높다. 그 반대였어야 살아생전 남들과의 교분이 원만했을 것이다. 그렇지 못했으니 대인관계에서 순탄치 않았음을 보여준다. 특히 더 높이 솟은 오른쪽 안산은 자신보다 더 강한 사람으로 인해 힘들었을 삶이 예상된다.

또 안산 뒤로 살짝 봉우리만 보이는 규봉이 두 개나 있어 여자 문제가 복잡했거나 이로 인해 배다른 자식들이 많을 것을 시사하고 있다. 참고로, 규봉은 대개 흉사로 치지만 이 그림처럼 명당에 해당될 경우엔 횡재수가 될 수도 있다. 자식이 많다는 것을 흉으로 볼 수는 없는 것이다. 단지 복잡한 여자관계로 속 썩을 일이 많을 뿐이다.

터는 좋으나 위치가 너무 낮아서 후손의 자리로 아래에 더 쓸 곳이 없어 옆자리 여기저기에 씀으로써 맥을 타지 못했을 뿐 아니라 방향도 맞지 않게 되었다. 갈수록 묘지자리가 더 낮아짐으로써 땅의 기운을 계속 이어받지 못했다.

명당은 결국 한 자리에 불과하다. 부귀영화가 자손으로 이어지지 못하는 좋은 예라 할 수 있다. 더욱이 청룡과 백호 끝의 사이(수구에 해당됨)가 멀리 떨어져 있는 편이라 당대가 아닌 2대 후에나 발복이 가능하겠다. 당대의 터로는 명당이지만, 역시 금력과 권력으로 좌지우지 되지 않는 자연의 섭리를 읽을 수 있다. 단, 이를 알고 적절하게 대응하는 법, 가족묘로 고집하지 않는다든가 이장 등으로 이를 극복할 수는 있다.

〈음택사례〉_안산

그림의 묘는 좌청룡이 하나지만(작은 내청룡이 하나 더 있다) 그 기운이 세고, 우백호는 최소 세 개가 감고 있다. 청룡 백호 끝 사이가 가까워 후손에 끼치는 영향(발복)이 다음 세대로 바로 이어지고 있다. 묘 앞의 전순의 취기가 매우 길어 발복을 몇 세대에 걸쳐 받게 되겠다.

이 묘에서는 앞산인 안산에 주목하자. 봉우리가 뾰족한 문필봉이 유난히 많다. 붓끝처럼 생긴 문필봉은 학자나 문장가 등의 직업을 갖게 해준다고 했다. 유명 풍수지리학자가 골라주었다는 이 묘는 먼 앞산인 조산까지도 묘를 향해 마치 절을 하듯이 숙였으니, 이는 대인관계나 사업상 남들의 도움을 받았을지언정 남들로 인한 피해를 받지는 않았겠다. 더욱이 조산이 출렁거리지 않고 잔잔하여 구설수에 오르지 않은 평탄한 삶을 살았음을 알 수가 있다.

단, 묘지 바로 앞 전순의 취기가 길고 좋으나 너무 가파르기 때문에 자손의 묘를 쓸 자리가 없다. 이것을 알고 있어서인지 다른 후손의 묘를 쓰지 않고 있다. 완전하고 완벽한 명당은 없다고 했듯이, 이 묘 또한 봉분(묘)의 우측, 즉 우백호 쪽 선익에 날카로운 돌이 있는 게 흠이다. 이는 우백호를 관장하는 여자 후손에게 문제가 생기게 되는데, 딸이나 며느리 중 뇌사나 뇌출혈을 일으킬 확률이 높기 때문에 이에 대비해야만 한다.

이 묘의 주인의 자손들을 보면, 실제로 자식이 사업으로 대성했고, 손자 중에 명문대 교수와 외국 유수 대학의 교수 등 학자들이 배출되고 있고, 의사 등 전문직에 종사하는 자손이 많았다.

그림의 묘에 앉아 앞을 내다보면 사위의 모든 자연이 나(묘)를 향해 바라보고 있는 듯 하고 나 또한 이들 자연을 편하게 바라보게 된다. 아주 자연스럽다. 그저 전망이 좋은 곳과는 다른 느낌인데 그 차이는 전망 좋은 곳은 내가 그쪽을 향해 바라볼 뿐 그쪽이 나를 향해 바라봐주지 않는다. 일방적이다. '아! 좋다' 하지 '아! 포근하다' 하진 않는다. 이 차이이다. 좋은 터는 모든 사람을 포근히 감싸주며 안아준다. 좋은 기운(생기)을 받았기 때문이다.

자연을 거스른 명당은 없다. 자연스러움을 주지 못하는 자리는 외관상 아무리 빼어나도 명당이 되지 못한다.

〈음택사례〉_양지바르다는 것으로 다 좋은가?

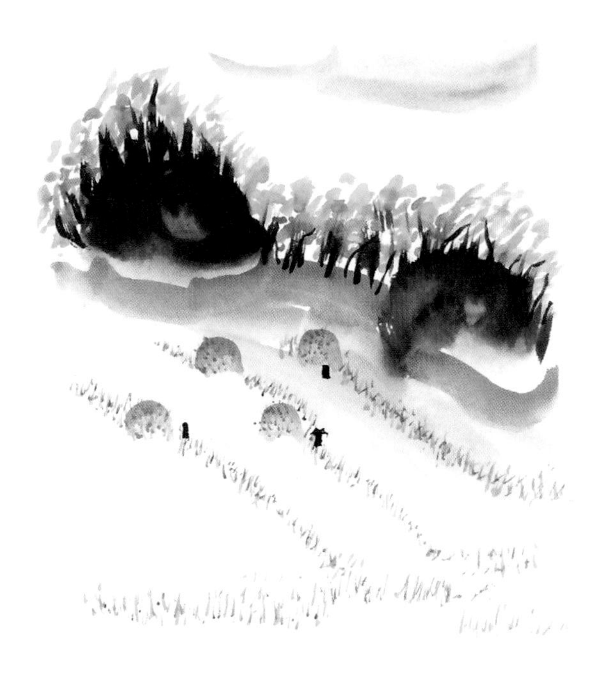

풍수는 종교의 힘이 아닌 땅과 바람과 물이라는 자연의 힘에 근거한 논리적인 공식을 가지고 있다. 절대 막연하게 사람들을 현혹하지 않으며 모호함이나 신비주의로 유혹해서도 안 된다.

그림의 묘들은 우리 주변에서 가장 흔하게 보는 것들로 양지바른 곳을 찾다보니 비탈진 곳이 묘지자리로 정해지게 된 사례이다. 맥을 타지 못하고 바람을 막지 못하며 양지바르다 해도 물이 괴어 있는 경우가 흔하다. 이런 묘들이 많다는 것은 평범하고도 시름에 시달리는 사람들이 대다수인 현실을 입증하는 것이기도 하다.

땅은 사실 그대로를 남김없이 보여준다.

〈음택사례〉_골에 쓴 묘

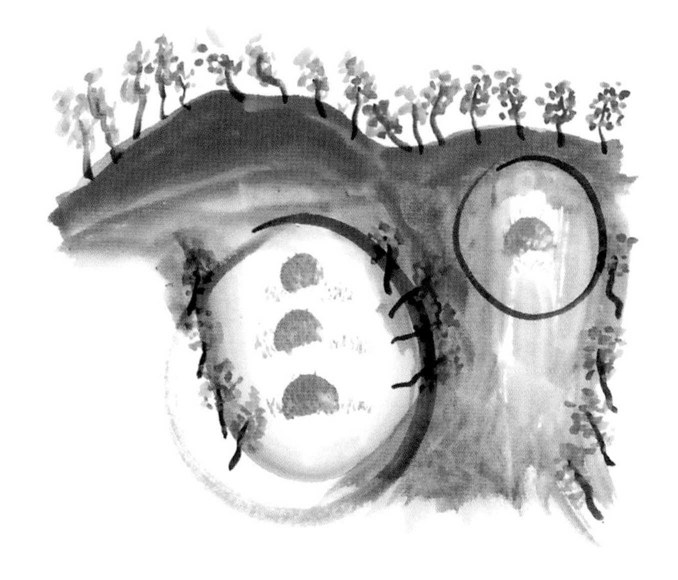

평지가 솟아올라 있으면 혈이 이루어질 수 있다. 그러나 그 혈과 혈 사이엔 골이 패이기 마련인데 그림의 묘 중 우측의 것이 골에 쓴 경우이다. 풍수적으로 가장 나쁜 자리로 본다. 바람과 물의 나쁜 영향을 가장 많이 받기 때문이다.

이를 피하기 위해 묘 주변에 나무를 심기도 하는데 이를 비보裨補라고 한다. 사람의 노력으로 부족함을 조금이라도 메워보자는 의미가 담겨져 있다. 이러한 비보사상을 전국에 펼쳐 응용한 사람이 바로 도선스님이다.

비보풍수는 완벽한 혈은 없다고 보고 적극적으로 땅의 기운을 인간의 삶과 조화되도록 하자는 풍수이론이다. 그 영향력은 불확실하며 미지수지만 나름대로 조화를 꾀한 노력으로 이해할 순 있겠다.

〈음택사례〉_영원한 것은 없다

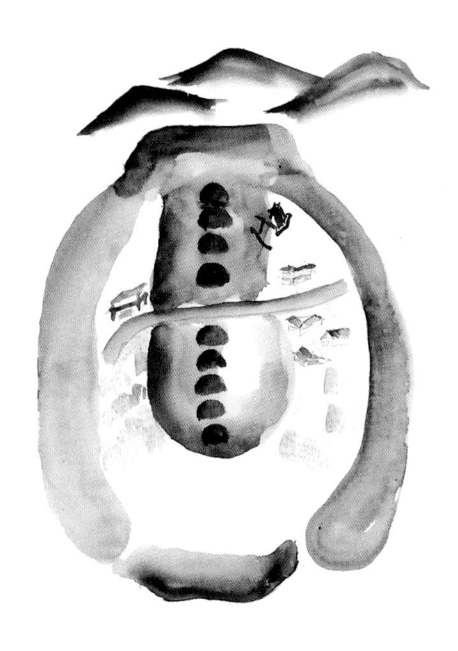

마치 마을 전체를 한 집안의 묘로 쓴 것 같은 느낌이 들 정도의 자리이다. 일자문성의 주산의 맥이 튼실하고 그 뒤로 이어지는 용맥의 기운이 세차게 뻗어있다. 처음의 묘에서 그 아래로 13기를 더 쓸 만큼 묘 앞 전순의 취기가 완만하면서도 매우 넓다. 주산과 더불어 안산에도 장대한 일자문성이 자리하고 있는데다가 거의 같은 힘으로 강하게 감싸 쥔 좌청룡 우백호의 끝을 이 일자문성이 이어주고 있다. 너무나 완벽하다. 장군으로 시작해 영의정 등 높은 벼슬을 대대로 이어갔다.

하지만 세상에 영원한 것은 없는 법이다.

몇 년 전 후손 중 한사람이 국회의원에 출마해 낙선의 고배를 마셔야 했다고 한다. 맥의 기운이 다한 것이다. 자연은 또 가르쳐준다. 14기의 묘를 쓸 수 있는 대단한 자리에도 결국 끝은 있었다.

〈음택사례〉_신숭겸의 묘

신숭겸申崇謙(?~927)의 묘 자리는 도선 국사가 왕건을 위해 점지했던 땅으로 우리나라 8대 명당 중 하나이다. 왕건이 자신의 음택 자리를 신하에게 양보한 것이다.

신숭겸은 처음 이름이 능산能山이며, 전라남도 곡성 출신으로 유랑농민이 되어 떠돌다가 지금의 강원도 춘천에서 잠시 살았다. 체격이 크고 무예에 뛰어나며 용맹스러웠다. 궁예弓裔의 군대에 들어가 있다가 태조 왕건을 추대하여 개국공신이 되었다. 태조에게 신씨 성을 받고 평산平山을 본관으로 삼아 평산 신씨의 시조가 되었다.

태조 10년(927)에 태조 왕건이 공산公山(지금의 대구 팔공산)에서 견훤과 전투를 벌였는데, 전세가 불리하였다. 당시 대장이던 신숭겸은 김락金樂과 함께 힘껏 싸우다가 결국 전사하였다. 태조가 그들 두 사람의 죽음을 매우 슬퍼하여 대구에 지묘사智妙寺를 창건하여 명복을 빌게 하였고 후일 예종은 그들을 추도한 향가 「도이장가悼二將歌」를 지었다.

야사에 의하면, 왕건이 견훤 군사에게 포위되자 신숭겸은 왕건을 피신시키고 왕건의 옷을 입고 싸우다가 왕건 대신 견훤에게 잡혀 목이 잘려 죽었다. 그를 안타까워 한 왕건이 도선 대사가 잡아 준 자신의 자리까지 내어주고 잘린 목을 금으로 만들어 봉분을 만들었는데 도난을 염려해서 똑같은 봉분을 3기나 만들었다고 한다.

그의 묘는 강원도 춘천에 있다. 왕릉과 비교될 만큼 넓은 묘역에 울창한 소나무 숲 등 돈과 명예 중에서 명예를 선택한 것이 한눈에 보였다. 여러 개의 좌청룡이 안으로 세차게 휘돌아 감싸고 있는 반면에 우백호는 조금 약하다.

이 터는 주산의 용맥이 힘차게 꿈틀거리고 있어 후손에게 미치는 영향이 길고도 강하다. 묘 앞에 해당하는 전순의 취기가 길고 넓어 그 기운이 후손에게 뿐만 아니라 주변의 지세에도 영향을 줘 가까운 곳에 박사마을도 생겨나게 할 수 있었다. 묘 주변의 소나무들을 보면 모두 묘를 향해 기울어져 있어 땅의 기운을 이것으로도 느낄 수가 있다.

제 명을 다하지 못하고 간 사람의 경우에는 혈의 중심에 찾아들지 못한다는 풍수 통설이 있다. 일설에는 혈의 위치가 조금 높게 쓰였다고 하지만 내가 보기에는 반대로 혈의 위치가 조금 내려져 쓰여 있었다. 봉분이 지금보다 조금만 높이 쓰였더라면 금상첨화가 되지 않았을까 해서 아쉽다.

〈음택사례〉_정약용의 묘

"죽은 사람은 뼈가 썩어서 아픔도 가려움도 모르고 오랜 세월을 지나면 흙이나 먼지로 변하거늘 어찌 생존한 사람과 서로 느낌을 통하여 화복을 전할 수 있겠는가."

"살아계신 부모님이 잘 되라고 자식과 마주 앉아 두 손 잡고 훈계해도 어긋나기 쉬운데, 하물며 죽은 사람이 어찌 살아있는 아들에게 복을 줄 수 있겠는가."

풍수의 폐단이 심해지자 이를 비판하였던 다산 정약용(1762~1836)은 조선 후기에 실학을 집대성한 학자이며 사상가다.

다산이 태어나던 바로 그해 사도세자가 죽음을 당하였고 민심은 극도로 어지러웠으며 아버지는 벼슬을 버리고 낙향하여 살고 있었다.

그는 새로운 학문으로 유입된 서학에 관심을 가져 실학에 눈뜨게 되고 정치와 경제적인 측면에서 실학정신을 응용하여 현실정치에 도전장을 던지기도 했으며 수원의 화성을 쌓는데 공을 세워 정조의 남다른 사랑을 받기도 했다. 그럼에도 서학을 믿는다는 이유로 전라도 강진으로 유배를 가기도 하였다.

그러던 그가 경기도 남양주로 돌아온 것은 18년의 유배 생활을 마친 나이 57세였으며 그 당시로서는 장수한 74세를 일기로 고달픈 생을 마감했다.

묘는 경기도 남양주시 조안면 능내리 마현 마을에 있다. 그 묘 앞에서 바라보면 북한강과 남한강 두 물줄기가 양수리에서 하나로 합수하여 유유히 흐르고 있다.

그의 묘지 터는 그의 인생역정을 그대로 보이고 있는데, 뒷산인 주산의 용맥이 중간 중간 기복이 심할 뿐 아니라 가까스로 혈에 와 닿아 있고 앞산인 강 건너의 안산들 역시 안정적으로 이어져 있지 못해, 자신뿐만 아니라 그의 형제들마저도 시세에 휩쓸려 살았음을 알 수가 있다. 가파르게 올라가야 하는 그의 묘의 선익과 전순이 급격히 패인 것은 그의 업적이 일순간에 사라질 수 있음을 암시하고 있다.

우백호는 바깥으로 빠져 있어 후손이 재물과도 먼 생활을 영위하였겠고, 좌청룡은 너무 일찍 휘어감아 묘를 바로 치고 있어 이 또한 묘지 자리로는 적합하지 않았다.

그러나 묘 앞으로 북한강과 남한강, 큰 두 물줄기가 하나로 합수하고 있어 당시는 아니더라도 후세에 명성을 크게 얻을 수 있는 자리이기도 하다. 이는 정약용도 예기치 못한 결과를 낳고 있는, 미래에 대한 예언을 이미 땅은 알고 있었다는 말이다. 땅(자연)을 아무리 부정해도 땅의 이치는 주의주장과는 상관없이 이루어지게 되어 있다.

〈음택사례〉__가족묘

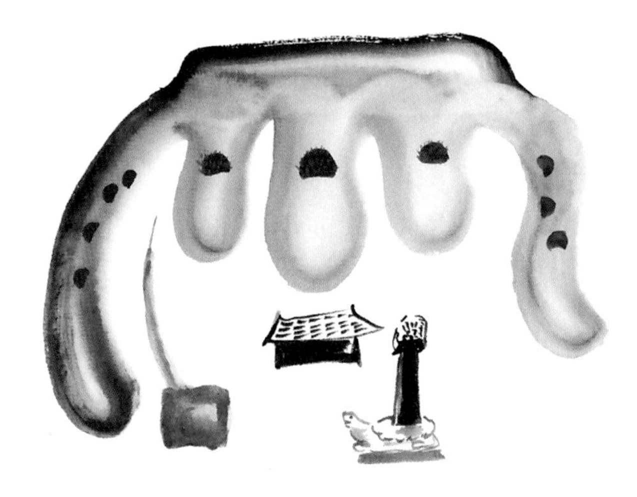

이곳을 살펴보면, 우백호가 안쪽으로 감아쥐고 있어 후손들이 재물이 많고 우백호 쪽으로 물길인 연못이 있어 특히 여자들의 입김이 강하다 할 수 있다.

좌청룡은 끝이 안으로 감질 못하고 바깥으로 약간 빠졌기에 명예와는 거리가 먼 집안이다.

그림의 묘들은 왕자(대군)의 묘를 중심으로 수백 년간 관리되어 온 일종의 가족묘라 할 수 있다.

거듭 말하지만 같은 터에서의 가장 좋은 자리는 딱 한 군데이기에 그 다른 묘들은 풍수의 기본을 어기며 쓰이는 경우가 허다하다. 따라서 대를 이어 인물이 나오기가 힘들다.

가족묘나 국립묘지 등 공동묘지에서 공통으로 볼 수 있는 현상으로 이미 마련된 곳에 들어가는 꼴이라 혈을 찾는 순서가 무시되는 것이다. 가족간의 유기적 관계는 중시되었지만 한편으로 천지인, 즉 하늘과 땅과 사람과의 유기적인 관계에는 소홀한 점이 가족묘가 안고 있는 문제라 할 수 있다.

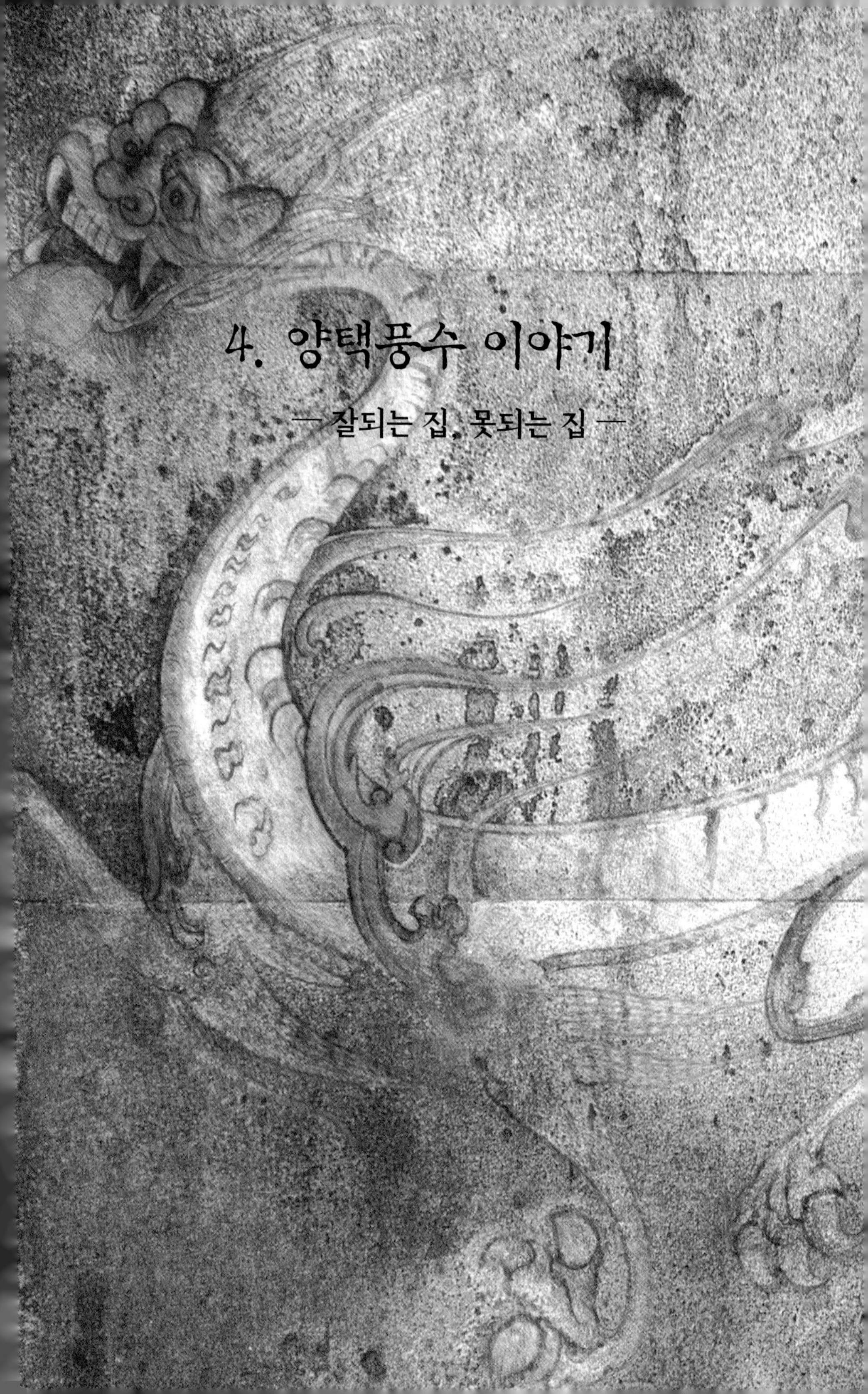

4. 양택풍수 이야기

— 잘되는 집, 못되는 집 —

전면 그림 : 동북아역사재단에서 복원한 7세기 강서대묘 사신도 중 백호白虎 (부분).
백호는 여자, 재물을 상징한다.

가난한 동네와 부자동네

사람은 자신이 살아온 대로 묻히며 땅은 분명 임자가 따로 있다. 잘 사는 아파트나 부자촌은 한결같이 좋은 곳에 위치하고 있는 반면 영세민촌이나 임대아파트의 경우는 설령 자리가 좋더라도 배산임수背山臨水를 무시한 채 거꾸로 지어져 있다.

산을 등지고 물을 바라보는 쪽으로 집을 지어야 하는 것은 풍수에서는 기본 상식이다. 골짜기나 강변에 집을 지은 집 치고 인재가 나오는 것을 본 적이 없다.

강변의 경우는 강 쪽이 낮은데 들어가는 문을 강 쪽에서 내기에는 구조상 쉽지 않다. 결국 대부분 강을 등지고 도로변으로 대문을 내는 것이다.

돈과 명예가 한번에 들어 올 일이 있어도 집이 배산임수를 역행하게 되어있다면 얻었던 부와 명예도 다 잃어버리게 된다.

풍수지리상으로 우백호가 감싸고 있으면 경제적인 부를 이루게 해준다. 어디든 손님이 많고 장사가 잘되는 집은 분명히 여자와 재물을 상징하는 우백호가 감아 돌거나 엄지와 검지를 약간 띄워 둥글게 쥐었을 때의 곡선 모양인 반달터 안에 있는 경우이다.

그 대표적인 예가 교통도 별로 좋지 않고, 마을에서도 좀 동떨어져 있는 여주의 천서리 막국수 집이다. 예쁘게 잘 꾸며놓은 앞집은 텅텅 비어 있어도 허름한 이 집은 손님들이 줄줄이 끊이질 않는다. 자연의 이치를 최대한 활용하여 우백호가 감아준 안에다 배산임수를 지켜서 집을 지었기 때문이다. 장사가 잘되는 집들은 공통적으로 백호가 감아 주고 앞이나 뒤에 부봉이 있다. 그리고 물도 감아 준다.

『삼국유사』의 기록에는 반달터에 대해서 이렇게 적혀 있다.

신라 4대왕인 탈해왕이 왕위에 오르기 전에 토함산에 올라가 굽어보니 호공의 집터가 초승달 모양의 길지였다.

남 몰래 그 집 뜰에 숯을 파묻어두고 얼마 후에 찾아가 말하기를 옛날 내 조상이 이곳에서 대장간을 하며 살았으나 중년에 집을 빼앗겼다고 거짓 송사를 하여 집터를 차지하였다.

초승달은 삼일월三日月(초사흘 달)이라고도 하며 그 곳에 집을 마련하고 살아 왕이 되었다는 것이다. 신라 도성 이름이 반월성이며, 백제의 도성 또한 반달모양의 반월성이다. 반달 터란 땅의 모양이 초승달 모양이고 지형이 안쪽으로 집을 지을 수 있는 터를 말하는 것이다.

반달 터에 풍수적으로 지기의 누출을 막아주는 물이 감싸고 있으며 부봉富峰까지 있다면 최고의 길지로 치지만 세상에 다 갖춰진 완벽한 땅이란 극히 드물다.

마을이 형성되는 원리

풍수는 묘 터를 잡는 음택 풍수, 집터를 잡는 양택 풍수, 도읍이나 도시 마을의 터를 잡는 양기陽基풍수로 구분한다. 나는 이 세 가지를 다 살피며 우리나라 전국을 여러 차례에 걸쳐 답사 연구해 보았다.

마을을 만났을 때는 마을의 형성 및 주산主山과 산세를 유심히 관찰하고 마을마다의 특성과 인심을 살폈다.

음택이나 양택이나 양기나 보는 원리들은 모두 같았다. 단 지세가 넓고 좁은 차이일 뿐이었다. 산에 에워싸서 에너지장이 형성된 곳이 작으면 음택이 되고 크면 마을이 형성되고 아주 크면 도시가 형성되는 것이다. 에너지장의 바깥쪽에 음택이나 양택이 들어서면 여러 가지 피해가 생긴다. 사람은 반드시 에너지장의 안쪽에 살아야 한다.

특히 음택은 자손에게 영향력이 지대하다는 것을 새삼 확인했다. 음택과 양택의 영향력이 3:1이란 것이 음택은 직접 기가 흐르는 곳에 묻히고 양택은 땅 속의 기가 흐르는 그 위에서 생활하기 때문이다. 음택이 마라톤 경주라면 양택은 100미터 달리기에 비교할 수 있다.

우리의 건축물은 벌판 한가운데 건물을 짓는 경우가 거의 없다. 벌판에는 밭과 논으로 생산의 장소이며 활동의 공간이고 산을 등지고 열려진 벌판을 바라보이는 위치에 지어진 집은 휴식과 화목의 공간인 것이다.

특히 아파트나 다가구 건물의 경우는 위치, 지형, 지세, 방위에 따라 영향을 크게 받는다. 그리고 자기가 살고 있는 건물을 보고 좌우측의 건물을 청룡과 백호의 개념으로 보는 것도 의미가 있다. 앞 건물은 주작朱雀으로 뒤쪽 건물은 현무玄武로 보는 것이다.

양택의 방위는 집의 열려 있는 방향 즉, 전면을 말하고 아파트의 경우는 들어가는 문 방향으로 본다. 이때 문이 두 개인 경우는 큰문으로 보며 문이 두 개면 좋지 않다. 아파트의 베란다가 남향이라고 해서 남향집이란 것은 잘못된 것이다. 햇볕이 많이 받는 곳을 기준으로 건설업자들은 남향을 잡는데 베란다를 기준으로 정한 것뿐이다. 집은 앉아있는 방향을 따라야 하는 것이다. 특히 아파트에서는 들어가는 입구 문을 좌향으로 보며, 각 호실로 들어가는 문의 좌향을 추가로 참고해서 보면 된다.

방위보다 중요한 것은 지형이다. 방위는 산세지형에 따라 정하는 것이지 음양오행이나 햇볕을 고려해 남향을 고집하는 것은 큰 실수이다. 지형에서 오는 에너지의 양이 방위에서 오는 에너지의 양보다 몇 배나 강한 것을 확인해 보았다.

우리 국토는 땅의 높낮이 차이가 크고 산의 앞뒤가 있으며, 그로 인한 산세지형에 따른 에너지의 차이가 크며 부분적인 땅의 이용에 따른 길흉의 차이가 크다.

선구조산세지형인 우리의 산들은 마치 나무가 가지를 치면서 뻗어나가는 것과 그 모습이 흡사하다. 언뜻 보기에는 무질서한 모습 같지만 산을 관찰하면 할수록 산과 산이 에너지 상호작용에 의해서 산

봉우리가 생겨나고 좌우로 구불구불 능선이 생기고 변역變易하면서 형성된 것이다.(변역이란 용이 꿈틀거리듯 형세를 바꾸며 흘러가는 것인데 쉽게 말하면 산맥이 방향을 틀었다고 보면 된다. 단, 방향이나 위치는 바꾸되 에너지 즉, 기는 변화하지 않는 것을 말한다.)

그래서 우리나라 지세에서는 음양오행의 이론보다 지세지형과 자연환경에너지를 우선적으로 보아야 한다.

살기 좋은 마을이란?

개인의 집터를 보는 것을 양택 풍수라 하고 이보다 더 큰 규모로 마을이나 도시 등 단체 주거지를 대상으로 터를 파악하고 잡으려는 것을 양기 풍수라 한다고 했다.

우선 개인 집터인 양택을 고르기 전에 내가 살 마을을 봐야 할 것이다. 살기 좋은 동네란 어떤 곳일까? 당연히 인심 좋고 산수 맑은 곳, 그리고 교통이 편한 곳이겠다.

이중환은 『택리지』에서 지리地理 · 생리生利 · 인심 · 산수가 잘 조화된 곳을 좋은 집터로 보았다.

당연한 얘기이다. 그러나 이런 곳을 찾기가 그리 쉽지가 않다. 그 잘 조화된 곳을 어떻게 파악하고 어떻게 결정할 것인가.

우선의 방법으로 나쁜 터를 먼저 걸러내는 일이다. 음택에서 불가장不可葬이라는 말이 있다. 이는 묘로 써서는 안 될 곳이라는 말이다. 이런 좋지 않은 곳을 먼저 알고 그 다음 명당자릴 찾아 나서면 되듯이 양택도 마찬가지이다.

그러나 무엇보다도 중요한 것은 이상만 앞세워서는 안 된다는 것이다. 이를테면 냉장고를 사는데 내 형편, 살고 있는 집의 규모나 수입 등을 고려하지 않고 냉장고의 기능이나 취향만을 보고 고른다면 선택의 출발부터 잘못된 것이다. 더구나 집은 냉장고와는 비교할 수 없을 만큼 더 중요하지 않은가.

요즘은 이런 것에 관계없이 투기 목적이 앞서, 돈이 되는 집으로만 그 선택이 타의든 자의든 강요되고 있는 게 사실이다. 그러나 아파트로 옮겨 그 집값은 올랐는데 집에 우환이 잦다고 하는 경우를 주변에서 종종 들을 때가 있을 것이다. 풍수에서 기본으로 여기는 지리 · 생리 · 인심 · 자연을 무시했기 때문이다.

양택, 즉 집터에서의 명당자리는 앞서 얘기했듯이 손을 사과 하나 감아쥐듯 했을 때 엄지와 검지 사이의 움푹 패인 곳, 즉 검지는 그대로 놔두고 엄지를 움직이면 따라 움직이는 엄지와 검지 사이가 바로 좋은 집터이다. 패철 등의 도구보다도 누구나가 몸에 지니고 있는 손이 더 좋은 도구가 될 수 있다.

모든 것은 자연스러워야 한다는 데에 나 나름의 풍수철학이 담겨 있다. 눈으로 찾으라거나 가슴에 오는 느낌으로 파악하라는 말도 이와 같은 맥락에서 하는 말이다. 풍수는 자연을 통해 우리의 삶을, 운명을 파악하고 더 나은 삶으로의 발전을 꾀해보자는 학문이다. 이러한 자연과의 호응이 절대적으로 요구되는 풍수에서 비자연적이고 인위적인 요소나 도구들에 의존해서는 안 된다. 단, 참고할 필요는 있을 수 있다.

눈과 가슴으로 느끼고 몸으로 이해하자는 게 내 지론이다.

양택의 중요성

집을 지을 때는 산을 등지고 물을 바라보고 지어야만 즉, 풍수용어로 배산임수背山臨水를 지켜야만 살아가는 데에 큰 사고와 우환 없이 평탄하다. 물을 등지고 북향이나 서향으로 집을 지으면 건강을 해칠 뿐 아니라 재물도 잃게 된다.

집의 구조는 산골이나 도시나 크게 다르지 않다. 단지 산이나 들에서의 집은 자연 현상이 확연히 드러나 있으나 도시에서는 그 산들이 깎여져 숨어버렸기 때문에 나침반이 필요하다. 하지만 이 문제도 끊임없이 연구 노력하다 보면 볼 수 있는 안목이 생긴다.

집 주변의 지형, 지붕의 형태, 대문의 위치, 문의 개폐 방향까지 공부하다 보면 그 집 가족의 구성과 성격, 그리고 집안의 내력까지 알 수가 있다.

건축물의 모양으로 가장 이상적인 것은 생명력이 집결되어 있는 원형이다. 대표적인 예를 들자면 기의 측면에서도 우수한 이슬람 사원 같은 경우이다.

하지만 이런 건축물은 짓기에 어려움이 많으며 대체적으로 건물들은 사각의 모양을 취하고 있는 것이 대부분이다.

건축물의 가로와 세로의 비율은 5:3 정도가 가장 이상적이다. 가로와 세로의 비율이 2:1 이상일 때는 흉가가 된다. 이런 경우 기운이 좌우로 분산되어 기의 흐름을 분산시켜서 좋지 않다.

자투리땅이나 삼각형 형상은 흉가로 본다. 삼각형 형상이나 뾰족한 형상을 한 건물은 분쟁을 유발시키거나 나쁜 기운으로 재앙을 부를 수 있기 때문이다. 사람이 사는 장소로는 가장 중요한 것이 주거공간인데 나쁜 기의 영향을 지속적으로 받으면 문제가 되는 것은 확실하다.

사람은 사는 장소에 절대적으로 그 영향을 받게 되어 있기 때문에 좋은 장소를 선택해야만 건강과 운이 따르는 것이다.

수맥에 의한 파장으로 중풍이 오고 신경계통의 병이 오거나, 바람을 많이 받으면 감기가 잘 낫지 않는다. 그리고 시신이 묻혀 있는 집에 집을 지으면 그 집은 망하고 예상치 않은 불상사를 당하게 된다.

주로 경매에 붙여진 집을 조사해 보았더니 시신이 묻혀 있었거나 배산임수를 역행해서 지은 집이 대부분이었다.

오랫동안 연구하고 통계 분석한 결과 출세한 집안과 몰락한 집안을 보면 한결같은 차이점이 있다. 남자와 명예를 상징하는 좌청룡이 감아주지 않는 이상 마을의 이장도 될 수가 없다는 것이다.

또, 잘 되는 집과 안 되는 집은 무엇이 다른지도 확실한 기준점이 있다. 여자와 재물을 상징하는 백호가 안으로 감긴 집은 한결같이 부자라는 것이다. 반면 부부간에 이혼을 했다거나 겨우 먹고사는 정도인 집안은 백호가 밖으로 빠져나가 있거나 백호가 거의 없다시피 했다. 우백호가 좋은 가게는 골목의 구석진 곳에 허름하게 자리를 하고 있어도 손님들이 찾아 들었다. 음식의 맛이나 특이한 이벤트를 하는 것도 한 몫 하지만 그것은 잠시뿐 그리 길지가 않다.

풍수에서 남녀를 상징하는 것은 청룡과 백호뿐이 아니다. 자연 상태에서 산은 남자로 보며 들은 여자로 보듯, 양택의 집 구조에서는 집 본체는 남자로 보고 마당은 여자로 본다.

그래서 마당에 연못을 잘못 만들면 여자에게 해당하는 부분이 깨지게 되므로 병이 오거나 죽음까지 올 수 있는 것이다.

또한 건물과 마당의 관계에서 우리 전통 한옥같이 서로 규모가 비슷한 마당이 장독대나 빨래터 등의 앞과 뒤에 있으면 남자는 여자를 둘을 거느리게 된다.

일본식처럼 마당 한가운데 건물을 지으면 사면이 잘린 마당이 생기는데 이러한 경우는 남자의 권위에 여자가 매이는 입장이 된다. 그래서 가능한 뒷마당은 작게 하고 앞마당을 넓게 하는 것이 좋으며 뒷마당은 보이지 않도록 건물 크기를 조절하는 것이 좋다.

그리고 마당의 넓이는 집 면적의 세 배 정도가 가장 이상적이다. 마당 면적이 다섯 배를 넘으면 기운이 분산되기 때문이다. 마당이 너무 넓으면 얕은 담이라도 설치해서 기운이 분산되는 것을 막아야 한다.

산은 남자, 들은 여자를 상징하듯 남과 여, 음과 양은 서로 조화를 이루어야 한다. 한쪽이 너무 강해도 좋지 않고 비슷해야 서로 보완적이 되고 원만하다. 이 수평이 깨지면 문제가 생기기 마련이다.

자동차가 다니기 전 옛날에는 여자보다 남자가 월등히 존중되고 사회적 지위도 높고 권위가 있었지만 현대에는 그렇지가 않다. 도로 및 신도시 건설을 하느라고 남자를 상징하는 산허리를 자르고 깎아서 없애기 때문에 여성들의 입지가 한결 강화되는 것이며 남자는 점점 그 반대 현상이 일어나는 것이다.

풍수학에서 보면 여자보다 남자가 잘 되어야 집안이 무난하고 평탄하다. 우백호보다 좌청룡이 발달해야만 재산문제로 인한 분쟁이 덜하다. 좌청룡이 부족한 집안은 한결같이 재산 싸움에 휘말리곤 한다. 돈보다는 명예를 선택해야 화목이 다져지는 것이다. 실제로 감정을 나가 보더라도 좌청룡이 외면하고 돌아서고 우백호가 발달하면 부유하게 살고 있긴 한데 유산 싸움이나 분쟁에 휘말려 있는 경우가 많았다. 반면에 명예에 치중한 좌청룡이 발달해 있으면 형제간에 우애가 있고 상하 질서가 있다.

집은 인격의 형성에도 영향을 미친다. 제목은 잘 생각나지 않지만 어느 책에서 읽었던 것을 요약해 본다.

어머니의 몸과 마음 상태가 태반 속 자녀의 건강과 직결되듯 건물의 기운은 그 집에 사는 사람의 인격과 성격을 만든다. 기운이 좋은 집에서는 아름다운 인격을 가진 사람이, 기운이 좋지 않은 집에서는 불안한 인격을 가진 사람이 배출되는 것은 집이 사람의 태반과 같기 때문이다.

좋은 집터를 선택하는 방법

다음과 같이 호와 불호를 따져 집터를 고르면 무리가 없다.

〈땅기운이 좋은 터〉

1. 뒤에서 오는 산맥의 기운이 남아 있는 터
2. 경사가 5도 내지 20도 이내의 완만하고 평탄한 터
3. 산자락이 감아 도는 안쪽의 터
4. 주변의 산들이 수려한 곳
5. 뒤쪽이 높고 앞쪽이 낮은 터
6. 주변의 집들이 균형을 이루고 있는 터
7. 대문 입구의 진입로가 약간 낮거나 평탄한 터
8. 물이 집 뒤쪽으로 흐르지 않는 터
9. 좌우나 또는 앞쪽으로 물이 집터를 받아치듯 흐르거나 개울이 나 강둑이 접하지 않은 터
10. 큰 차가 다니는 대로와 멀리 떨어져 있는 터

〈땅기운이 나쁜 터〉

1. 골짜기를 메우거나 고른 터
2. 늪, 웅덩이, 쓰레기 등의 매립지, 모래땅

3. 산이 흘러가는 등성이를 고른 터

4. 경사가 급한 산을 절개하여 축대를 높게 쌓은 터

5. 좌나 우로 경사진 땅을 고른 터

6. 산자락이 배역하는 산 옆구리의 터

7. 주변의 산이 흉한 모습인 곳

8. 절벽 위나 절벽 아래 터

9. 뒤쪽이 낮고 앞쪽이 높은 터

10. 대문 입구의 진입로가 높은 터

11. 집 뒤가 허술하여 무너질 위험이 있는 터

좋은 안방의 조건

사람은 태양과 공기에서 자연의 에너지를 받고 활동하다가 밤에는 인위적으로 지은 양택(집)에서 잠을 자고 하루의 피로를 풀며 에너지를 축적한다. 특히 사람은 하루 중 잠을 잘 때에 집터의 생기를 가장 많이 받는다.

즉, 집터의 기운이 좋으면 좋은 기운을 반대로 나쁘면 나쁜 기운을 그대로 받게 되는 것이다. 그 중에서도 집의 주인이 잠을 자는 안방은 매우 중요한 부분을 차지하고 있다.

안방은 너무 밝으면 정신 집중이 안 돼 별로 좋지 않고 너무 어두우면 또 우울해지기 쉽다. 또한 너무 크거나 작거나 해도 좋지 않기 때문에 안방은 집안의 중심으로서 안정되고 규모도 이에 상응하게 적절해야 한다.

또 방위에 따라, 안방이 남서쪽에 있으면 학자나 예술가에게 좋고, 동쪽에는 양기가 충만하므로 자라나는 자녀의 방으로 활용하는 것이 좋음으로 참고하길. 서쪽의 안방은 재산이 나가고 늘 심리적으로 불안해진다.

문을 열었을 때 침대가 정면으로 보이지 않게 하여 화장대는 남서쪽에, 그 옆에는 황금색 띠를 두른 액자를 걸어둔다. 또한 남편의 의욕을 돋우고 싶다면 동쪽에 빨간색 소품을 두고, 남편에게 원기를 불어넣을 수 있는 녹색 물건과 소리가 나는 물건을 침대 옆에 놓아두면 좋다.

침실의 방향은 남동향이 가장 좋으며 남편은 안쪽에서 취침해야 하고 침대는 침실 출입문에서 약간 비껴 선 위치에 두는 것이 좋다. 그리고 중요한 것은 머리를 두고 자는 방향은 어느 방위를 막론하고 집이 앉은 지형의 높은 곳 쪽으로 머리를 향하고 낮은 곳으로 발을 둔다. 벽지나 커튼은 무늬가 없는 단조로운 것으로 하며 화분과 조명을 이용해 침실의 기운을 높이도록 한다. 벽지나 이불, 가구 등은 사람마다 차이가 있으므로 건강에 맞는 오방색을 선택해서 배열하면 좋다. 가령, 간이 좋지 않은 사람에게는 청색계열이 좋고, 고혈압이 있는 사람에겐 붉은색이 좋지 않지만 저혈압인 사람에게는 좋다. 그리고 위장병 및 소화기 계통의 병이 있는 사람에게는 황색인테리어가 좋으며 정력이 약하거나 요통이 있는 사람에게는 검정색이 좋다.

그러나 아무리 이런 기준으로 안방을 꾸몄다 해도 집터가 부적절하다면 아무 소용이 없다. 우선 집터가 좋아야 그 기를 받을 수가 있기 때문이다.

방위에도 남녀가 있다

일상생활에서 방위의 영향력은 크다. 사람이 거처하는 집과 사무실, 만남의 장소, 앉는 자리, 출입문 등의 위치에 따라 건강과 재운, 사업의 성공과 실패 등 지자기地磁氣 활동의 방향이, 인간이나 동물의 행동 및 생각의 방향에 큰 영향력을 끼치기 때문이다.

조선시대 왕실에서도 왕과 신하들이 조회를 하는 자리에도 각 직급대로 방위가 따로 정해져 있었다. 가령 정 1품 서열인 경우는 동쪽 그 다음은 서쪽, 남쪽 등 한 방에 앉아 있는데도 격식과 풍수를 따져서 앉았는데 하물며 먹고 자고 일상생활을 해 나가는 양택의 방위야 말해서 무엇 하겠는가.

북쪽 방위는 건강과 명예를 주관하며, 사고력을 키워주고 학습능력을 높여 주는 힘이 있어 연구실이나 아이들의 공부방, 서재 등으로 사용하는 것이 좋다.

이곳은 마음이 차분해지고 집중력이 생기는 방위지만 동적인 요소는 약하다. 교수, 연구가 등 두뇌를 쓰는 사람에게 제일 좋은 방위이다.

하지만 건물의 북쪽 사무실은 피하는 것이 좋다. 또한 화장실, 정화조, 싱크대, 가스레인지, 난로 등이 배치되어 있으면 혈압이 높거나 신장병, 동맥경화, 변비, 방광염 등으로 고생할 수가 있으니 주의

하여야 한다.

북서쪽은 남성 중에서도 가장의 방위이고 그에 대칭되는 동남쪽은 여성에게 최고의 방위이다.

가장의 방위인 북서쪽에 주방을 만들면 가장의 사회적인 명예도 떨어지고 주부의 성격도 남성화되고 밖으로 나돈다. 서쪽이라면 주부가 의욕을 잃고 금전도 모이질 않으며 무엇보다 주부나 딸이 불륜에 빠질 수도, 심하면 과부가 되기도 한다.

동쪽에 주방을 내면 육체적 정신적 건강이 만점이 되는 가정이 되어 바람직하고 여성에게도 활력을 얻게 하는 방위이다. 색상으로는

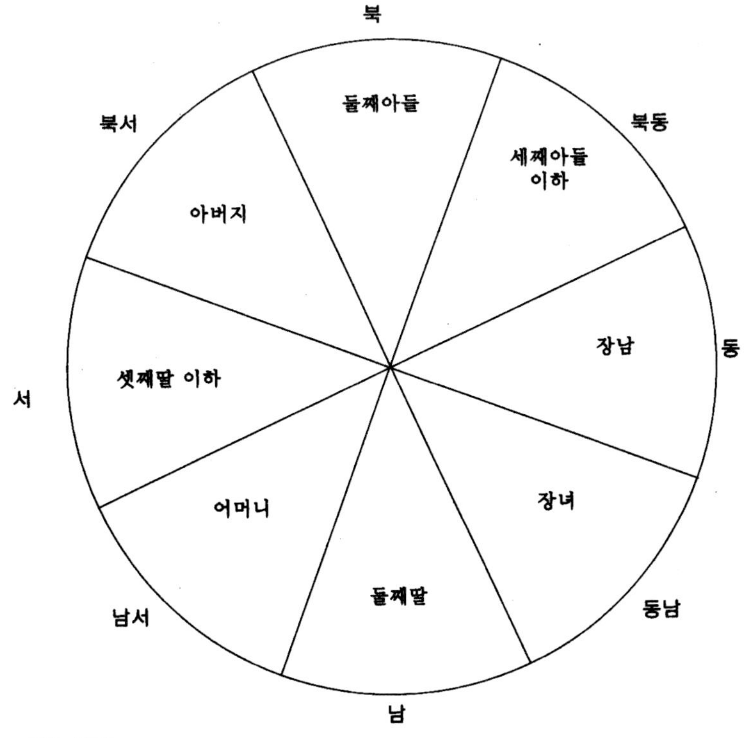

가족 방위

연초록이나 갈색, 아이보리가 좋으며 회색 계열은 금물이다. 동북방위는 침실이나 집의 좌 향이나 변화가 많은 방위로 이사, 전근, 가족문제, 고부간의 갈등 같은 사회생활의 변화를 많이 받게 되는 방위이다. 여성은 남성화되는 방위이다.

남서 방향은 음기의 정점인 방위로 안정되고 여성의 방위로 아주 좋다. 서북 방향이 아버지 방위라면 남서는 어머니 방위로서 가정의 안정을 좌우하는 방위이다. 아내가 성실하고 유순해지고 끈기도 생긴다.

동교와 서교

인간의 심성을 풍수와 연관 지어서 살펴보면 법칙성이 발견된다. 산들이 배역背逆하여 에너지장이 제대로 형성되지 못한 마을에서는 양택지로서도 악조건일 뿐만 아니라 좋은 음택지도 없기 때문에 자손 대대로 인물하나 제대로 나오지 않는다. 이런 곳에 사는 사람들은 거짓말을 잘하며, 다른 지역에 사는 사람들에 비해 사기성이 많은 것을 확인할 수 있었다. 반면에 에너지장의 안쪽에 자리 잡은 마을이나 그런 곳에 사는 사람들은 성격도 무난하고 합리적이며 포용력이 있다.

경기도에 있는 산들은 힘이 없어서 이곳에서 큰 인물이 나기는 어렵다. 역대 대통령이나 총리들도 경기도 출신은 극히 적은 숫자에 불과하다.

이중환의 『택리지』에는 풍수에 대한 이야기가 많이 적혀있는데, 오늘날 가장 많은 사람들이 밀집하여 살고 있는 경기 일원에 대해 언급한 것이 있다. '동교와 서교는 사람이 살 곳이 못된다'고 적혀 있다. 서울에서 100리 이내를 '교'라고 하며 그중 동쪽에 있는 교를 동교, 서쪽에 있는 교를 서교라고 한다. 동교는 양주, 포천, 가평, 양평을 이르고, 서교는 고양, 적성, 파주, 교하를 일컫는 말이다.

조선시대에 사대부집의 가문이 세도를 잃어 몰락하고 삼남, 즉 경상도, 전라도, 충청도로 내려간 사람은 집안을 그대로 보존은 하게 되지만 교로 나간 사람은 더욱 가난해지고 쇠잔해지고 신분이 낮아져 근근이 생활하는 자가 많았다고 한다.

이를 풍수적으로 해석하자면 동교는 산이 거칠고 농사지을 땅이 없고 입체형 산이 많기 때문이고 서교는 산다운 산이 없으므로 산의 기운을 받을 수 없는 것이 단점이다.

하지만 그 중 교하는 산과 강이 어우러져 천도설이 나돌 정도로 괜찮은 곳으로 평가됐었다. 조선 광해군 때 이의신이란 지관이 왕에게 한양의 지기가 쇠하니 도읍을 교하로 옮겨야 된다고 주장했다. 그러나 이덕형, 이항복 등의 반대로 뜻을 이루지 못했던 일이 있었다.

경기도 일대의 양평에 위치한 칠읍산은 정상에서 내려다보면 7개의 읍이 내려다보인다고 해서 칠읍성이라고 했다. 토체 형이면서도 다른 면에서 보면 둥근 형을 이루는 부봉으로, 산을 오르기에는 거칠고 물이 없지만 풍수적으로 명산이다. 이 산이 있는 한 양평과 가평을 묶어서 국회의원을 뽑는다면 양평 출신의 사람이 선출될 확률이 높다. 교와 삼남에 대한 비교도 이와 유사하리라.

동물에게도 풍수의 영향이 미치는가

충청도 우시장牛市場에서의 일이었다.

장터에는 인근의 사람들이 키우던 소를 끌고 나와서 북새통을 이루고 있었다. 그 중 어느 목장주인의 이야기가 귀에 솔깃하게 들어왔다.

수 십 마리의 암소들이 간혹 가다 수놈을 낳을 뿐, 새끼를 낳았다 하면 모두 암놈이라고 한다. 소뿐이 아니고 돼지나 개 등 가축도 수놈에 비해 암놈이 월등히 많이 태어난다는 이야기가 사람들의 막걸리 안주로 오르내리고 있었다.

나는 그 마을의 산세가 내가 생각하고 있는 것과 일치하는지 궁금해서 곧장 그 마을로 향했다.

버스로 40여분 만에 그 목장이 있다는 마을에 도착해서는 바로 목장을 감싸고 있는 주변 산세부터 살폈다.

전국을 답사하면서 동물들에게도 풍수의 영향이 미치는지를 조사 연구해 본 결과 터득한 것인데 역시 예외는 없었다. 역시나 내가 예측한 대로 그 목장은 우백호가 유난히 발달한 반면 좌청룡은 끝부분이 잘렸고 아주 빈약했다.

왼쪽에 있는 산은 남자를 말하고 오른쪽에 있는 산은 여자를 말하는데 왼쪽에 있는 산인 청룡이 빈약하니까 이런 곳엔 남자보다 여자가 더

득세하는 형국인지라 동물들에게도 그 영향력이 미친 것이다.

살아 있는 모든 생명체는 환경의 영향을 받으며 살아간다. 그 중에서도 특히 산의 기운을 가장 많이 받으며 산의 형세와 물 흐름 그리고 바람에 의해 탄생과 소멸이 이루어진다.

조선 개국에 얽힌 풍수 이야기

태조 이성계가 개성에 있는 수창궁에서 조선의 첫 왕으로 등극하면서 제일 먼저 한 것이 새 도읍을 정하는 것이었다. 평소에 친분이 두터웠고 왕이 되는 것을 예언했으며 풍수지리에 밝은 무학대사에게 그 일을 맡겼다. 무학은 한참을 돌아다녔지만 터를 잡지 못해 고심했다.

그러던 어느 날 동야 근처 지금의 왕십리에서 땅 모양을 살피고 있는데 어느 노인이 밭을 갈면서 소를 야단치는 것이 아닌가! "무학, 이 멍청한 소야! 좋은 길 두고 왜 엉뚱한 데 와서 이러는 게냐?" 무학은 마치 자신에게 하는 말처럼 들렸다. 해서 그 밭가는 노인에게 다가가 사실은 도읍터를 찾고 있는데 적당한 자리가 있으면 알려 달라고 애원을 하였다.

노인은 길을 가리키며 서쪽으로 10리만 더 가보라고 말했다. 그 말을 들은 무학은 허겁지겁 10리를 갔더니 역시나 노인이 말한 대로 아주 좋은 도읍터가 있었다. 정체 모를 노인이 무학에게 10리만 더 가라고 했던 곳은 갈 왕往 자를 써서 왕십리라는 이름으로 부르게 되었다.

경기도 남양주시의 홍릉에는 고종과 비운의 왕비인 명성황후가 함께 묻혀있다. 본래 금곡의 홍릉이 들어 선 땅은 개인 땅이었는데 고종이 살아생전 미리 자리를 잡아 두었다. 그런데 당대의 풍수사들이 묘를 조성할 때 광중에서 오백년권조지지五百年權措之地라는 글이 새긴 돌이 나왔다. 무학대사가 한양을 도읍지로 정할 때에 이미 5백년 후의 일까지 예견하여 글을 새겨서 묻어 둔 것이다.

무학대사는 조선의 도읍터를 정하고 궁궐의 좌향을 보며 정도전과 다툼이 있었다. 무학은 인왕산을 주산으로 하고 남산과 백악을 청룡, 백호로 하는 동향을 주장하였고 정도전은 유학자답게 군주는 동향으로 하는 예가 없다면서 남향을 고집했다. 도읍터는 무학대사가 정했지만 결국 왕의 총애를 한 몸에 받고 있던 정도전의 말대로 좌향坐向은 그의 말대로 남향으로 정해지게 되었다. 그때 무학대사의 판단이 맞았음을 2백년 후에 알 수 있을 거라 예언했다.

또한 신라의 고승인 원효대사와 쌍벽을 이루는 화엄종華嚴宗의 시조인 의상義湘(625-702) 대사의 『산수비기』에 기록되어있는 것을 보면 다음과 같다.

수도를 정할 때 만약 스님의 말을 들으면 국운이 길게 이어지지만 정씨 성을 가진 사람이 시비를 걸게 되면 5대안에 나라는 찬탈의 화에 휘말리고 2백년 후에는 대란이 일어 날 것이다.

이 내용을 보더라도 조선 개국 초부터 피비린내로 시작한 왕자의 난과 세종의 셋째 아들인 세조에 의한 단종의 죽음이 그러하며 임진왜란이 조선개국 2백주년 기념 해에 일어난 것과 일치한다.

그리고 조선왕조는 개국 초보다 중반, 후반으로 갈수록 왕실은 부실해져 갔다. 세종대왕 이후 문종 때부터 왕실은 그 전과 달리 자손이 귀하게 되었고 계속해서 좋지 않은 일들이 일어났다. 문종도 병으로 죽고 단종도 제 명을 다하지 못하고 죽음에 이르고 혈족간의 투쟁은 끊임없이 일어났다. 풍수적인 면에서 본다면 세종대왕의 능이 수렴水廉이 들었기 때문에 그런 것이다. 풍수에서는 물이 차서 시신이 육탈되지 않고 있는 경우와 냉혈인 것을 가장 나쁜 것으로 여긴다. 이럴 경우 가족간 상하 질서가 없고 건강에 치명적인 문제가 생긴다.

건국 초 호압사에 대한 재미있는 일화가 있다. 태조가 한양에 궁궐을 짓는데 준공을 하려면 이상하게도 건물이 허물어지는 일이 반복되었다. 태조 이성계는 이상하다 싶어서 일하던 목수들을 불러서 물어 보았다. 그들은 한결같이 밤마다 호랑이가 달려드는 꿈에 시달린다고 한다. 반은 호랑이고 반은 형체를 알 수 없는 괴물이 달려들어 궁을 부순다는 내용이었다. 잠을 제대로 못 자며 고심하던 태조에게 흰 수염을 길게 늘어뜨린 한 노인이 꿈에 나타났다. 그 노인은 한 곳을 가르치며 말하길 “호랑이는 꼬리를 밟히면 꼼짝 못하는 짐승이니 그 꼬리 부분에 절을 지으면 일이 순조롭게 잘 될 걸세” 하며 사라졌다고 한다.

그 노인의 말을 듣고 그 자리에 절을 지으니까 궁궐이 무너지는 일이 없이 잘 완공할 수 있었다는 기록이 전해지고 있다. 이 절이 비보풍수에 의해서 지어진 금지산에 있는 호압사란 절이다.

서울이 평지인 듯하나 그렇지 않다. 기본적인 산 흐름은 남아 있어서 작은 언덕처럼 오르고 내리는 굴곡이 있다. 풍수라는 자연적인 형세에 인간의 땀으로 조성한 궁궐과 17킬로미터에 달하는 도성의 축성, 그리고 4대문의 배치 등을 보아도 서울은 철저하게 풍수에 의한 계획적이고 인위적인 도시인 것을 알 수 있다.

명당에 자리한 신륵사와 보탑사

남한강의 상류인 여강을 끼고 자리한 여주군 북내면 남한강변 봉미산 기슭의 신륵사는 원효대사가 창건했다고 전해지는 천년 고찰이다. 또한 영릉의 원찰願刹이라고 해서 세종대왕과 인연이 깊은 절이기도 하다. 육각의 누각으로 만들어진 정자, 강월헌에서 바라보노라면 남한강의 푸른 물이 출렁거리며 흘러가는 등 주위의 경관이 무척 뛰어나다.

장강長江은 서쪽으로 흘러 푸른 바다에 들고
첩첩한 산마루 북으로 와 얕은 산 둘렀네

예로부터 여강은 봉미산과 더불어 문장가들이 즐겨 찾던 곳이다. 여강의 멋에 매료되어 시인 설문우가 읊은 시이다.

세월의 사연을 간직한 채 묵묵히 흐르는 여강, 바위 위에 나옹선사를 기념하기 위해 세운 아담한 삼층석탑이 자리하고 있다. 이곳에서 고승은 속세의 육신을 버리고 한줌 재로 변했으리라. 이 석탑 옆의 육각누정인 강월헌江月軒도 나옹선사의 당호에서 비롯된 이름이다.

태어남은 한 조각 바람이 일어나는 것이요.

죽음은 못에 비친 달의 그림자일 뿐이다.

죽고 살고 가고 옴이 막힘이 없어야 한다.

경내 삼층 석탑에 새겨진 나옹화상의 말이 더욱 멋스럽게 느껴지는 곳이다. 나옹선사는 인도의 고승인 지공指空의 제자이며 이성계를 도와서 조선의 건국에 일조한 무학대사의 스승이기도 하다.

신륵사의 초입에는 나옹선사의 지팡이가 싹이 터서 자란 것이라는 전설이 있는 은행나무가 처음 찾는 이의 발걸음을 멈추게 한다.

명당이라는 곳의 특징은 좋은 인연들이 맺어진다는 것이다. 우연인 것 같지만 결과적으로는 산이 말해주는 형세대로 되어 간다는 것이며 어디에나 길흉화복이 없을 수 없지만 크게 보아서 산의 모습대로 이루어지는 것을 볼 수 있다.

신륵사는 좋은 명당의 조건을 두루 갖추고 있는 사찰이다. 좌청룡은 명예를, 우백호는 돈과 여자를 상징하는데 좌청룡과 우백호, 그 둘 다가 안으로 감아주었다. 특히 좌청룡 끝 부분에는 암석으로 마무리되고 있는데 강한 돌로 길석이다. 안산은 토체로 이루어져 길한 기운이 안팎으로 감싸고 있을 뿐 아니라 명성과 경제적인 면도 강하게 받쳐주고 있다.

이름난 절이나 성당, 교회 등을 찾아가 보면 한결같은 모습을 하고 있다. 명동 성당의 경우도 좌청룡이 안쪽으로 감아주었다. 성당을 들어가면서 오른 쪽으로 언덕처럼 둔덕을 이루고 있는 것을 확인 할 수 있는데 그것이 바로 좌청룡이다. 도시에서 보는 방법은 힘들지만 적어도 물이라도 감아 돌기 마련이다.

그리고 「대동여지도」에서 볼 수 있듯이 충북 진천군 진천읍 보련산 자락의 연꽃 골에 있는 보탑사는 우측 산허리쯤에 부자가 난다는 부봉이 처녀 젖가슴처럼 봉긋하게 솟아있다. 그것도 두 개나 거느린 우백호가 튼실하고 아름답기 때문에 한국의 어느 사찰보다도 경제적인 면에서는 뒤떨어지지 않을 것으로 보인다.

보탑사에서 안산을 바라보는 위치에서 보면 좌청룡이 본당 앞마당쯤에 안쪽으로 휘어 감긴 듯 틀어 안고 있다. 좌청룡이 우백호보다 가까운 거리에 자리를 하고 있는 것이다. 좌청룡 우백호가 혈장자리에서 가까운 곳에 있으면 단기간에 효험을 볼 수 있는 형세이다.

그리고 안산이 명당을 향해 부복하는 모습으로 온화하고 정겨운 느낌과 함께 작으나마 토체를 가지고 있어서 이름난 명승이 나올 것이며 짧은 기간 내에 사찰의 이름이 크게 날 것이다.

또한 같은 고장에 가야국의 왕족인 김유신 장군의 태를 묻은 태실胎室이 태령산 자락에 위치하고 있다. 태령산은 보련산에서 흘러 내려온 지맥이 길상산을 이어서 맥을 잇고 있는데 삼국을 통일한 김유신 장군의 생가 터가 덩그러니 단독채로 말없이 자리하고 있다. 단아한 건물에 꾸밈없는 집인데 마당은 사적지로 만드느라 잘 다듬어져 있으며 원래에는 자연스런 산촌의 형태를 지니고 있었을 것이다.

생가에서 보탑사에 들어가는 방향으로 바라보면 관록을 먹고사는 사람을 배출한다는 일자문성이 한일자로 뚜렷이 자리하고 있다. 생가에서 좌우의 혈인 좌청룡과 우백호는 생가 터를 단장하느라 넓은 터를 만드는 과정에서 훼손되어 없어져 아쉬움을 주었다.

쇠말뚝보다 더한 콘크리트 말뚝

인간의 자만과 오만이 자연을 훼손시키고, 그 폐해는 결국 인간에게 돌아온다. 공해문제와 관련하여 CO_2 규제관련법안(도쿄 프로토콜)이 채택되기도 했지만 미국을 포함한 몇몇 선진국들이 자국의 경제적 이익을 앞세워 이에 동의하지 않고 있는 실정이다. 우리나라 기업들이 이에 대해 대비하고 있다고는 하지만 벌금을 의식한 소극적인 태도로 일관하고 있다. 한 사람이 1년 동안 배출하는 이산화탄소의 양을 보완하기 위해서는 나무 840 그루를 심어야 한다. 개인이 매년 심어야 하는 나무가 840 그루라는 말이다. 우린 나무 한 그루라도 심고 있는가? 이것을 당장 실행하지 않으면 우리의 다음 세대면 지구는 인간이 뱉어낸 공해로 인해 인간이 살 수 없는 지경의 지옥에서 살게 될 것이라고 경고한다.

그전보다 살기 좋아졌다. 도시의 흉물이었던 청계천고가도로가 없어지고 전과 같은 물이 흘러가고 있으니 좋아지고 있는 것 같기는 하다. 도심의 매연치도 그 전보다 많이 개선되었다고도 한다. 사실 거리도 무척 깨끗해졌다. 그러나 여전히 초록으로 가득해야 할 산은 깎여 속살을 다 드러내놓고 그 위로 회색 시멘트가 덮여지고 있고, 황금의 풍요로 물들어 있어야 할 가을 들판이 불도저에 밀려나더니 그 위로 아파트가 들어서고 있다.

경제적으로 나아졌다는데 왜 끔찍한 사건들은 더 늘어나고 돈 때문에 살인하는 일들이 왜 더 많이 벌어지고 있는 것인가. 자동차는 발달하여 안전장치를 장착해 놓고도 교통사고는 늘면 늘었지 전혀 줄 지를 않고 있다. 왜 점점 흉포해지고 왜 점점 불안해지는 것인가. 모두 자연을 인간의 손맛에 맞게 훼손시키고 있기 때문이다. 자연의 흐름이 이러한 개발이니 건설이니 하는 것으로 그 흐름을 억지로 막고 있기 때문이다. 일제강점기에 쇠말뚝 하나로도 우리의 정기를 끊을 수 있다고 하며 전국 곳곳에 우리의 맥을 단절시키려 했던 일본보다도 지금은 우리 스스로 우리 국토를 쇠못과는 비교도 안 되는 시멘트 말뚝(고속도로의 교각 등)을 박고 터널이라는 엄청 큰 구멍 내기로 땅의 흐름을 가로막거나 흐름을 방해하고 있다. 기를 빼앗아가니 자연은 시름할 수밖에 없었을 것이요, 이 시름은 결국 인간에게로 되돌아와 세상을 더 흉흉하게 만들어가고 있는 것이다.

풍수는 이를 경계한다. 풍수가 무엇인가. 하늘과 땅과 인간, 즉 천지인이 서로 조화하는 것을 파악하고 이를 실천하는 것인가. 그러나 이것이 깨진다면 어찌 될까? 그 업은 모두 인간에게 되돌아오게 돼 있다. 먼저 훼손한 당사자나 그 가족에게 화가 미친다. 전망이나 남과의 차별로 기획된 이런 집들의 대부분은 바람의 영향을 크게 받게 되는데 그 바람을 견디지 못하고 끝내 그 터를 벗어날 수밖에 없다. 벗어날 때쯤이면 이미 다 지친 상태일 것이 분명하다. 가족의 누군가가 큰 병치레를 하고 있거나 대형 사고에 시달린다는 얘기이다. 이건 엄포가 아니다. 자연의 섭리를 거슬리는 행위는 언젠가 그 보복을 받게 돼 있는 게 풍수의 원칙이기 때문이다. 자기를 위하고 가족을 위한다는 일이 오히려 흉과 화를 불러일으킨다.

이렇다 하여 자연을 있는 그대로 놔두라는 얘기는 아니다. 이것은 황폐화로 이어질 수 있어 또 다른 자연훼손이 될 수 있다. 단, 자연의 힘, 기의 흐름을 최대로 고려한 자연스러운 개발은 필요하다. 이러려면 우선 자연을 가능한 인간의 손에 맡기지 않는 게 좋다. 무엇인가 하니 형세든 경관이든 자연을 살린 상태에 인간의 지혜가 보태져야 한다는 말이다. 풍수는 비슷한 원리와 비슷한 에너지로 적용된다는 것을 잊지 말아야 한다. 이는 비슷한 것끼리가 아닌 다른 것끼리 맞부딪히면 모두가 절단이 나고 만다는 말이다. 자연의 기운이 깨지고 만다는 뜻으로 깨진 에너지는 결국 파괴로 이어진다는 무시무시한 의미를 내포하고 있다.

〈양택사례〉_묘지 자리에 올라선 양택

우주의 모든 사물은 모두 제 자리가 있는 법, 그 자리를 벗어나면 기의 흐름이 깨질 수 있다.

명당을 찾기 위해 전국 각지를 다니다보면 정도를 벗어난 경우가 눈에 많이 띈다.

그림의 양옥집은 맥에 섰는데 이곳은 양택지가 아니고 음택지다. 이 자리에 양택인 집이 들어섰으니 가족들이 교통사고 등 졸지에 사고를 당할 확률이 높다.

맥 자리는 묘지자리이다. 집은 그림 중 기와집처럼 맥의 안쪽에 지어야 한다.

〈양택사례〉_박정희 전 대통령의 생가 터

그림은 박정희 전 대통령의 생가 터이다.

풍수에 있어 양택(집터)으로서의 좋은 터는 반달 터인데 바로 이 생가가 그렇다. 엄지와 검지를 약간 띄우고 손을 둥글게 감아쥔 안쪽, 엄지와 검지 사이의 오목한 부분의 좋은 터에 생가가 위치했다.

좌청룡이 강해 권력을 쥘 자리지만 우백호는 상대적으로 약해 후손이 재물과는 좀 거리가 있다. 생가의 뒷산(주산)은 판검사가 나온다는 영상사가 나지막이 앉았고 생가 건너 정면 먼 산(안산)에 높은 벼슬을 안겨주는 토체들을 무려 세 개나 품고 있다. 좌측으로도 토체 하나가 더 있다. 흔치 않은 터임을 알 수 있다.

풍수에서 동서남북 방위의 영향력은 크다. 남서방향은 아내(어머니)의 방위로서, 그림에서 미약하긴 하지만 그 방향에 우백호가 자리하고 있음은 성실하고 유순하며 끈기가 있는 아내를 얻는 자리임을 시사하고 있다. 전직 대통령의 아내는 이런 평가를 후세에도 받고 있다. 또 북서방향은 아버지(남자)의 방위로, 그 자리에 영상사가 앉아 있는 형상은 생가의 주인이 권력을 잡게 됨을 암시하고 있다.

생가만을 보았을 땐 이 집터의 수혜자인 전직 대통령은 대단한 성취를 이룰 수 있었다. 그러나 앞서 살펴본 대로 얼마 떨어지지 않은 곳에 있는 그의 선친의 묘에선 결정적인 흠이 나타난다.

〈양택사례〉_반달터

그는 국회의원을 수차례 지냈고 공직으로서는 최고의 높이라 할 수 있는 국무총리까지 올랐다.

그의 사주에는 정치가로서 권력을 잡는 운명은 아니라고 나온다고 한다. 그의 조상 묘 역시 맥의 흐름을 타지 못하고 있기에 자손에게 영향을 줄 만한 기운이 돌지 않는다.

그러나 집터는 다르다. 반달 터라 하여 마을 전체를 둘러싸고 있는 산들이 모두 마을을 전혀 위협하지 않는다. 산들은 모두 부드럽게 마을을 안듯이 감싸고 있다. 마치 산들이 마을을 보호하여 살포시 바라보고 있는 느낌을 받는다. 마을 전체가 안온하고 평온하다. 좌청룡으로 그리 높지 않은 산들이 예쁘게 두르고 있다. 우백호는 토체가 아주 긴 일자문성이어서 자손에게 재물이 풍부할 것이다.

이 마을은 세대수가 많지 않은 작은 동네임에도 불구하고 서울의 명문대 출신들이 많다. 이러한 반달 터의 특징은 유별난 점 없이 조용하지만 인물이 많이 난다는 것이다.

국무총리를 낸 집은 풍수를 아는 집안 어른이 집 뒤로 일자로 평평하던 낮은 구릉에 흙을 20미터 이상 얹어 산을 더 높이 돋웠다 한다. 이는 산세의 취약한 점을 보완하기 위해 탑을 쌓는 등의 비보풍수에서 유래한 것인데 인위적으로 풍수의 기를 모으려는 노력으로서 자손에게 전달되는 영향을 개선하기도 한다.

반달 터 주변의 산은 대체로 낮으며 이곳에선 학자들이 주로 많이 배출되지만 주변의 산이 높으면 위엄이 있어 권력과 연관시킨다.

반달 터는 사방에서 물이 모이는데 물은 곧 돈, 재물을 의미한다. 그림의 마을 터는 좌청룡이 강한 왼손보다는 우백호가 출중한 오른손을 더 연상케 한다.

〈양택사례〉_춘천시

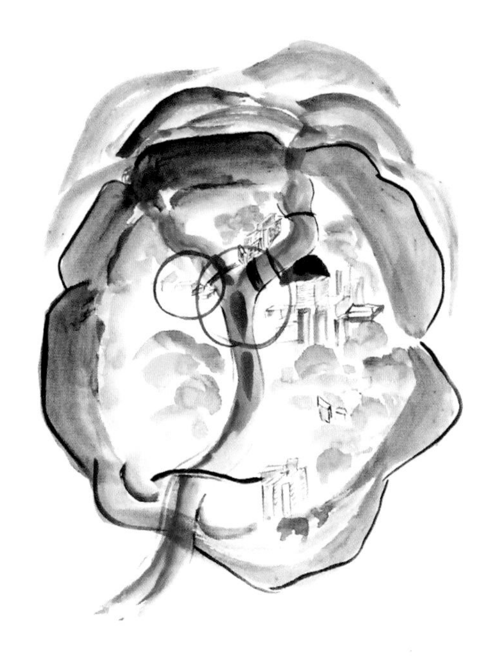

산이 에워싸서 형성된 에너지장이 적으면 음택이 되고 크면 마을이 생기게 된다. 더 크다면 도시가 될 것이다. 에너지장의 바깥쪽에 음택이나 양택이 들어서면 여러 가지 폐해를 겪게 된다. 사람은 반드시 에너지장 안쪽에 살아야 한다. 대체로 우리나라의 마을(도시)들이 분지 형태를 갖추고 있는 것도 바로 이 이유이다.

벌판 한 가운데 집이나 건물을 짓는 경우는 거의 없다. 벌판에는 논과 밭이 있어야 할 곳으로 생산의 장소이고, 벌판을 바라보며 산을 등지고 지어진 집은 휴식의 공간이다. 산을 등지는 배산背山과 물을 바라보는 임수臨水는 방위를 뛰어넘는 터잡기의 중요한 요소이다. 방위보다 더 중요시되는 것이 바로 지형이기 때문이다. 지형에서 오는 에너지의 양이 방위에서 오는 에너지의 양보다 몇 배가 강하다.

마을을 형성하는 지형에서 없어서는 안 되는 것이 강과 같은 큰 물줄기이다. 생활에 필요한 물을 얻기 위함이기도 하겠지만 물은 마을을 관통하며 기의 흐름을 모으고 때로는 흩어지게 하는 역할을 하기 때문이다.

그림의 마을은 강원도 춘천시로, 북한강과 소양강 두 물줄기가 모인 곳을 중심으로 마을 가운데 높은 산 주변으로 배산임수를 지키며 형성되었다. 아주 자연스러운 형성이랄 수 있다.

하지만 이곳에도 신시가지가 만들어지고 있는데 지나치게 인위적이고 주민들의 이해가 깔려 있어 양기풍수의 기본을 훼손시키고 있다. 이렇게 되면 자연스럽게 흘러야 하는 바람이 갇혀 있다거나 들지 않아 그 전에 없던 자연적 피해를 입게 된다.

인간의 편의만을 좇아 자연을 거슬러서는 안 된다. 그러나 우리는 기존의 길을 놔두고 직선 도로를 새로 내기 위해 산을 깎고 산을 뚫는 도로건설을 수없이 보며 산다. 자연이 무시된 채 편리성과 경제성만을 앞세운 이러한 개발이나 건설은 재고되어야 한다.

건축가들은 우선 풍수에 대해 공부하지 않으면 안 된다. 단순한 자연보호차원이 아니다. 그 이상을 품고 있다. 자연을 무엇으로 아는지, 자연이 두렵지 않은지 묻고 싶다. 자연은 보호를 넘어 존중되어야 한다.

〈양택사례〉_박사마을

그림의 마을은 두 물줄기가 완만하게 모여드는 곳(합수)이다. 물의 기가 모인 곳이다. 마을 건너엔 학자를 배출하고 벼슬을 얻게 해주는 일자문성의 긴 토체의 성이 마을 좌측, 즉 좌청룡에 자리하고 있다. 좌청룡은 명예를 관장한다고 하지 않았던가. 땅의 기가 명예로 모아진 곳이다. 이것이 합쳐져 더 큰 에너지로 발산하고 있는데 그 결과가 박사의 수를 늘리고 있다. 작은 마을에 유난히 많은 박사가 배출된다 하여 소위 박사마을이란 이름이 붙여졌다 하고 이곳에서 신혼의 첫 밤을 지내려는 신혼부부도 늘고 있다고 한다. 이곳의 정기를 물려받아 공부 잘 하는 자녀를 낳고 싶은 예비 부모의 심정이리라.

이곳은 이 도시에서 가장 먼저 햇볕을 받는 곳으로 빛에너지까지도 힘을 보태고 있다.

〈양택사례〉__Y자형 터(삼각집)

삼각집이 나쁘다는 말을 종종 들어봤을 것이다. 도로가 Y자형으로 만나는 장소엔 삼각형의 터가 생긴다. 이와 같은 집은 눈에 잘 띄고 사람의 왕래를 유도하는 곳으로서 요지로 알고 있는데 사실은 그렇지 않다. 화재와 분쟁에 휘말리기 쉽고 가족 중 교통사고를 당할 위험이 있으니 흉한 터라 할 수 있다. 건축에 있어서도 삼각형 집은 터잡기에 비효율적이어서 불필요한 공간으로 없애는 경우가 많다.

양택 풍수에서는 이러한 삼각집은 양 옆에서 모든 바람을 다 맞기 때문에 이런 화를 자초한다고 보고 있다. 부득이 선택할 수밖에 없다면 문이라도 모퉁이 쪽을 피해 한 면으로 치우치게 두거나, 모퉁이 쪽에 밝은 등을 설치한다거나, 키는 작되 굵은 나무를 심는 것도 좋다. 모퉁이 앞쪽보다는 뒤쪽을 높여 완만하게 경사를 줘도 좋다. 또 가능하다면 모서리 부분을 원만하게 하기 위해 집을 더 뒤로 앉히고 도로로 나온 모서리 부분은 화단을 만들어두는 것도 피해를 막는 방법이다. 정사각집보다는 못하나 삼각집을 사각집으로 바꿀 수 있어서다.

모난 부분을 줄이면 경제적으로 이익이 되는 터가 삼각집이다. 흉으로 보는 삼각집도 어떻게 대처하느냐에 따라 반대로 더 좋은 결과를 창출해낼 수가 있다. 그냥 놔두고 사는 것은 타고난, 주어진 그 운명을 그대로 받겠다는 것이다. 그렇다면 삼각집의 불운은 바로 당신의 것이 된다. 그러나 이것을 인지하고 돌파하려고 애쓴다면 불운도 행운이 될 수가 있다. '일체유심조' 모든 게 다 자기 하기 나름이라지 않았던가. 풍수 역시 마찬가지다.

진정한 풍수는 안 된다는 것에서 벗어나 이를 초월해야 한다. 적어도 지금보다는 나아지게 해야 하는 것이 풍수의 궁극적인 목적이다. 풍수는 긍정적이고도 실용적인 학문이다.

〈양택사례〉_T자형 터

T자형의 집터 또한 Y자형의 집터와 마찬가지로 외부의 바람을 다 껴안는 곳이라 흉한 터로 여기고 있다. 경제적인 안목으로만 보면 목이 좋은 곳으로서 땅값도 비싸지만 실속은 없는 경우가 많다. 논리적으로 이해할 수 없다고들 하는데 바로 바람을 탄다는 풍수적인 이유가 있어서다. 우선 집을 살펴보자. 집이 도로보다 낮게 앉아 있는가. 이렇다면 집을 도로보다 높게 하는 게 급선무다. 도로보다 집이 더 낮으면 바람을 더 받아들이기 때문이다. 덧붙여 지붕을 도로 쪽은 낮게 뒤편은 높게 하여 바람이 머물지 않고 지나가도록 만든다. 가능하다면 건물의 양 옆도 직각이 아닌 경사진 사각의 모서리로 만들어 바람의 흐름을 틀어줄 수 있다.

도로면에 다양한 모양의 깃발이나 바람개비를 달아두거나 또한 풍경

등과 같이 바람으로 내는 소리기구들을 도로 쪽에 달아둔다. 깃발이나 소리로 바람의 크기를 미리 짐작하고 다음에 벌어질 화에 대비하자는 것이다. 소리가 아름다우면 화나 흉이 될 바람도 재울 수가 있다. 심리적인 문제이지만 양택 풍수에서 심리적인 면은 매우 중요하게 취급된다. 바람으로만 존재하면 바람은 그 세기에 따라 재난이 될 수 있지만 바람을 소리로 바꾸면 바람은 음악이 된다. 집안으로 바람이 쳐들어오는 것을 음악으로 대체한다면? 오히려 흉은 길이 될 수 있고 화는 복이 될 수 있다.

〈양택사례〉__배산임수

풍수에선 방위를 중시하지만 그보다도 우선 주목해야 하는 것이 바로 배산임수이다. 배산임수는 간단히 말해 산을 등지고 앞에 물을 둔다는 말로, 자연스러움을 강조한 말이다. 자연스러움을 거역하면 그 화가 미치게 된다. 산을 등지고 물(강이나 시내)을 앞에 둔 집은 우선 바람에 의한 환기가 자연스럽다. 순환이 잘 된다.

그림의 집은 원래 배산임수로 제 형식을 빌려 지었었다. 하지만 제법 장사가 잘 되면서 식당을 더 키우게 되었고 이런 과정에서 오로지 돈벌이에 적합한 집 구조로 바꾸게 되었다. 여기서 문제가 생겨났다. 재물에 더 탐을 내다가 그전 지켜왔던 풍수의 원칙을 깨고 만 것이다. 드나드는 손님을 하나라도 더 받기 위해 주차장 중심으로 집을 잡았다. 결국 배산임수를 어기게 되었다. 그리고 전망을 고려해 큰 창을 산을 향해 만들었다. 이러자니 드나드는 문을 산 쪽으로 낼 수밖에 없었을 것이다. 돈을 많이 들여 식당을 고쳤지만 그 뒤 이 식당은 그전보다 못한 수입으로 애를 먹고 있다고 한다. 식당은 장사가 잘 된다고 하여 함부로 뜯어 고쳐서는 안 된다는 말은 익히 들어오지 않았던가. 바로 풍수의 중요성이 우리 실생활에 자연스럽게 배인 말이다.

〈양택사례〉_삼각집이라도…

그림의 집은 삼각형 터인데다가 대문이 동네 쪽으로 나 있다. 집 앞 두 갈래 도로는 언덕으로 집이 동네의 다른 집보다 낮게 앉아 있다. 이는 양 쪽 도로에서 들어오는 바람을 이 집이 다 받아 뒤집어쓰는 결과를 초래한다. 그 바깥의 거센 바람이 대문을 통해 다 들어온다. 이 집은 특히 현관의 위치를 잘못 잡아 그 화를 면치 못했다. 살인사건이 났던 곳으로, 만약 현관을 큰 도로 쪽으로 냈다면 그 화를 면했을 것이다. 이 집터는 삼각집임에도 불구하고 큰 도로 건너편, 일테면 앞산인 안산에 예쁜 부봉사가 놓여 있어 오히려 돈을 벌 수 있게 하는 자리이다. 살인 사건 이후 폐허가 돼 있지만 현재의 현관을 없애고 그 자리에 단단히 벽을 쌓고 난 뒤 현관을 큰 도로로 내 식당을 하면 상황을 전혀 반대로 끌어줄 수가 있겠다. 너무나 아쉬운 집이다.

〈양택사례〉_나쁜 일이 굳이 생기는 이유

세상을 떠들썩하게 하며 수백 명의 아까운 인명을 빼앗아간 한 백화점. 언뜻 그 자리를 보면 언덕 위에 지어 있으니 눈에도 잘 띄고 교통의 요지로 환승이 가능한 지하철은 물론 주변엔 고속터미널이나 법원 등 사람들이 모이는 요충지임에 틀림이 없다. 그러나 그 백화점은 졸지에 무너지고 말았다. 잘못 쓴 터 또는 배치(현관)는 그 화가 한 순간의 사고로 나타난다.

이것을 인재라고 하지만 결코 그렇지만은 않다. 인재라 함은 기존의 건물을 백화점에 맞춰 기둥을 없애다 보니 건물 하중을 견디지 못해 무너질 수밖에 없었다는 점이다. 이것도 물론 간과할 수 없는 큰 실수지만 더 높은 위치에 있는 앞의 법원(재판에 연루된 많은 사건들이 한데 모여져 있는, 나쁜 기운이 몰려 있는 곳)으로부터 거센 바람을 이 백화점이다 맞고 있었고 뿐만 아니라 주변의 바람이 다 모여드는 곳에 이 백화점이 터를 잡고 있었다는 것이 중요하다.

인재는 막을 수가 있었다. 하지만 백화점 주인의 과욕이 이 인재를 사전에 막을 수 없게 했으니, 기둥을 없앴다든가 도로 쪽으로 현관을 냈던 것이 바로 이것이다. 손님을 한 명이라도 더 끌어들이려면 큰 도로로 문을 냈어야 했을 것이니 경제성만을 중시하는 건축주나 건축가나 별 이상 없이 받아들였을 것이다. 결국 대형 사고는 터지고 말았다.

그 뒤 이 자리에 지어진 건물은 그 전 백화점과 어떻게 달라졌을까? 이 비싼 터를 공원으론 넘겨줄 수 없었던 자본가는 이 자리에 새 건물을 지으면서 어떤 대책을 세웠을까?

아마도 건축주나 설계한 건축가나 이제야 비로소 풍수의 의미를 알게 되었는지, 큰 도로로 난 그전의 현관을 꺾어 도로 안 쪽 옆으로 냈고 큰 도로로 향한 도로변 상점들의 창들을 다 막아놓았다. 그나마 다행이라고 할 순 있지만 충분치는 않다. 터의 기운은 창문을 막는 정도로 쉽게 잡히는 것이 아니다. 오히려 나쁜 영향도 있다.

그럼 해결법은 없나? 마주 보고 있고 나쁜 기운이 몰려오는 법원의 높이에 맞춰 지상 5층 정도까지는 철옹성을 쌓았어야 했다. 단단한 벽 뒤로 수영장이나 대형할인마트 등으로 활용해도 경제적으로 그리 손실을 보는 것은 아닐 것이었다.

인간의 욕심에 자연은 묵묵히 바라보다가 한순간에 인간의 자만을 자각하게 해주고 만다.

〈양택사례〉_좋은 자리는 누가 차지하는가?

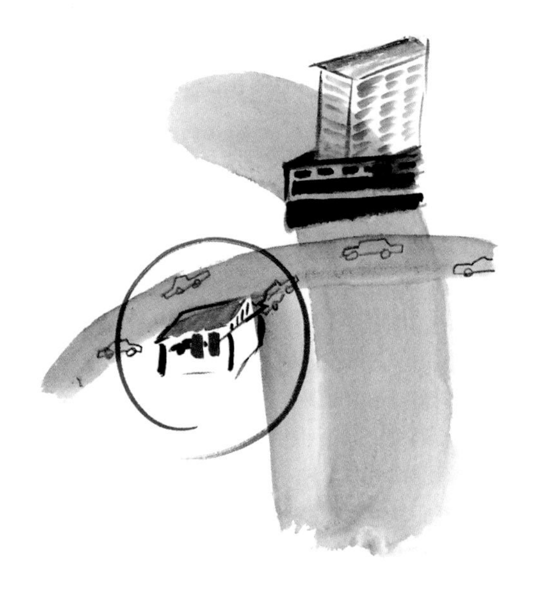

백화점 붕괴라는 초유의 대형 사고가 날 당시, 그 앞의 주유소 사장의 역할이 언론을 통해 보도되었다. 사고가 나자 직원들이 몰려가 심한 상처를 입고 백화점 밖으로 밀려나오는 사고 피해자들을 자기 몸 아끼지 않고 돌봐주고 병원으로 수송했다. 이런가하면, 그 때 지나는 상당수 행인들은 무너지면서 쏟아지는 백화점의 고가품들, 일테면 보석류에 혈안이 되어 건물 잔재와 함께 떨어진 그것들을 줍느라 정신이 없었다. 그러나 주유소 사장은 달랐다. 직원과 함께 사고 수습에 몸을 던졌다. 이 주유소는 그 주변의 주유소와 달리 경제성으로 가름하는, 가게로서의 좋은 목은 되지 못한다. 평지와 다름없는 길 입구에 더 큰 주유소가 있고 언덕 중간에 자리하고 있어 드나들기 불편해 주유소로서는 적합하지 않은 곳이다. 그러나 장사가 아주 잘 된다. 왜 그럴까?

땅은 반드시 제 주인이 차지한다고 했다. 양택도 마찬가지다. 성품이나 인품으로 자기 땅을 가지고 살게 돼 있다. 그의 사심 없는 봉사가 제 집터를 갖게 한 것이라 할 수 있다. 그리고 백화점 터와는 달리 법원 쪽에서 부는 나쁜 기운(바람)을 등지고 있어 그 기운이 전혀 영향을 받지 않는다. 그리고 주유소 우측의 도로는 우백호의 역할을 해 돈을 벌게 해준다. 또 주유소와 같이 건물의 앞을 터놔야 하는 곳이 적격인 자리인데 이 점도 맞아들었다.

〈양택사례〉_자리는 한 곳뿐

뒤로 재물이나 곡식을 쌓아 놓은 모습과 흡사하다 하여 이름이 붙여진 부봉(부봉사)이 자리하고 있고, 앞으로는 작지만 시내가 흐르고 있으며 옆으로 도로가 나 있다. 배산임수에 맞춰 잘 앉혀진 집이다. 앞산(안산)은 물론 사방으로 에워싼 산들이 역시 솥뚜껑을 엎어 놓은 형상의 부봉이다. 모두 재물이 들게 하는 터를 상징하고 있다.

이 집(식당) 주변엔 여러 채의 식당들이 있지만 유난히 이 식당만을 사람들이 찾는다. 에워싼 부봉사가 이 집의 방향과 딱 맞았기 때문이다. 조금만 틀어져도 그 영향에서 벗어난다.

역시 양택도 명당은 꼭 한 자리뿐이다.

〈양택사례〉_현관은 어디로 낼까?

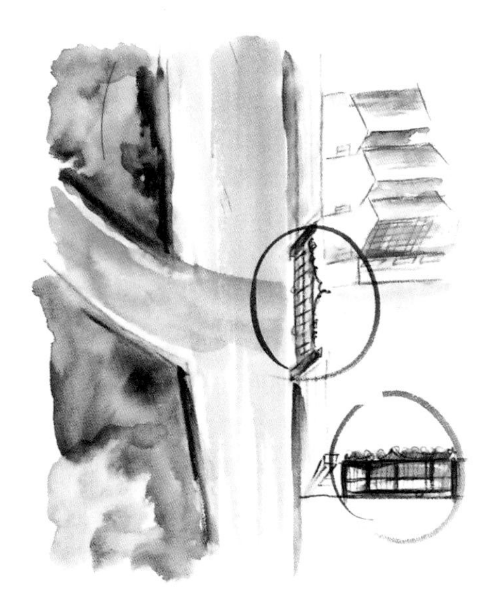

긍정적인 기(에너지)는 순환이 잘 되어야 하는데, 순환이 잘 되는 집은 기를 강하게 느낄 수 있고 마음을 북돋워주기도 하며 부드럽게 해줌으로써 편안하다. 이와 반대로 부정적인 영향을 주는 기란, 불균형하고 지나치게 넘치는 힘이 집안으로 쳐들어오고, 순환을 막는 정체감이 느껴지거나 무언가 힘이 새나가며 날카로워서 불안하다. 이러한 긍정적인 요소와 부정적인 요소를 감안하여 집을 정리해야 한다.

그림의 집은 식당을 연수원으로 개조해 사용하고 있는데, 처음 이 건물의 현관은 큰 도로에 나 있었다. 현관은 사람들이 드나드는 곳으로 중요한 에너지 흐름의 관문이자 통로이다. 그러나 현관 정면으로 가파른 언덕길이 있고 그 언덕길을 따라 세찬 바람이 이 현관으로 쏟아져 들어오곤 했다(붕괴되었던 서울의 한 백화점이 이 경우와 유사하다). 건축 설계상 당연히 현관을 도로 쪽으로 냈지만 풍수를 고려하지 않았던 것이다. 어떻게 되었을까. 장사가 잘 안 됐다. 그 뒤 연수원으로 바뀌면서 현관을 큰 도로 쪽이 아닌 옆으로 돌렸다. 이는 비보 또는 풍수교정이라고 한다. 교정을 통해 나쁜 기의 흐름을 바꿀 수 있다.

양택 풍수에 있어 성공으로 가는 길은 현관과 같은 입구에 생동감, 생기를 주는 것이다. 웃는 얼굴에 복도 온다지 않는가. 현관의 위치를 바꾼 뒤 이 연수원은 번성하고 있다.

〈양택사례〉__강변의 집들

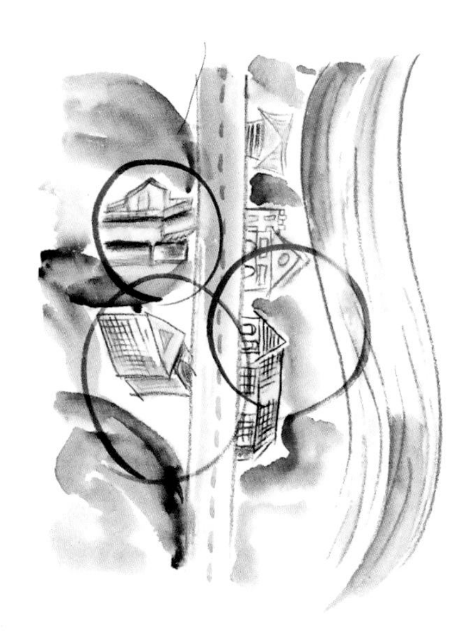

강변의 집이나 아파트는 배산임수를 어기기 쉽다. 왜냐하면, 강 쪽은 낮고 도로도 내기 힘들기 때문에 결국 입구는 강을 등지고 내게 된다. 배산이 아니라 배강이 된다. 강을 등지니 대개 산을 앞에 두게 된다. 배산임수와는 정반대로 집을 짓는 결과를 낳는다. 골짜기나 강변에 집을 지은 집 치고 인재가 나오는 경우를 본 적이 없다. 강변의 카페는 보기에는 좋고 손님에겐 강이 바라다 보이니 잠깐 차 한 잔 하기엔 더없이 좋은 곳이지만 막상 그 주인은 그렇지 못하다. 강변의 카페 치고 장사 잘 된다는 곳을 아직 듣지 못했다. 자연의 순응을 거부했기 때문이다.

그림의 강변 카페 중에 강을 바짝 끼고 있는 집들은 배산임수를 어겼고 도로 건너의 집들은 배산임수에 어긋나진 않았지만 거개가 집 뒤라 산자락 끝(맥의 끝), 가파른 절벽 아래에 놓여 역시 좋은 터가 되지 못한다. 돈이 잘 벌릴 리가 없다.

〈양택사례〉_선상지에 지은 집

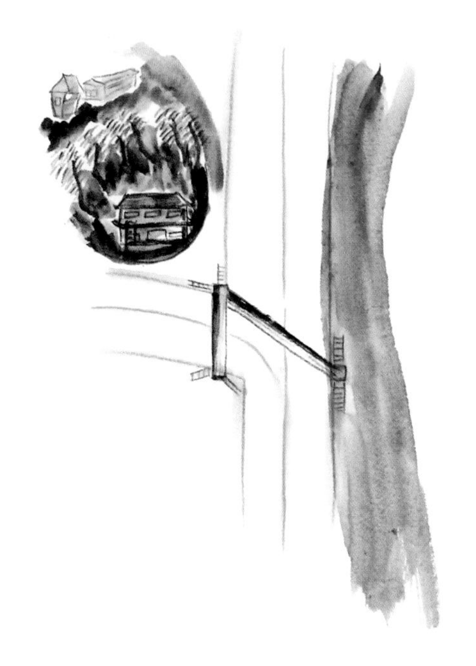

이 식당 앞을 지나다보면 매번 참 이상도 하다는 생각을 절로 하게 된다. 삼거리라 목도 좋고 육교가 있어 사람의 왕래도 수월한 편이다. 그런데 식당 주인이 자꾸 바뀌고 주인이 바뀌면서 파는 음식도 따라 자주 바뀐다. 풍수로 따져보면 앞쪽 개천의 물줄기가 집으로 들어오는 게 아니라 빠져나간다는 흠은 있다. 그러나 양 옆의 도로는 좌청룡 우백호를 대신하는 바, 도로의 형세로 보면 특히 돈과 관련된 우백호가 결코 작지만은 않다. 돈이 모아질 수 있는 곳이라는 말이다. 그런데 왜 장사가 안 되고 주인이 자꾸 바뀌는 걸까?

바로 여기에 있다. 『양택일람』이란 책에, 벼랑 밑이나 계곡 입구에 있는 집은 만병의 근원이 된다고 쓰여 있다. 집을 고르는 가상법家相法

에도, 산등성이의 튀어나온 끝부분이나 산기슭에 인접한 벼랑 밑의 평지, 계곡의 입구 주변 등은 산사태나 홍수의 위험이 노출되는 곳으로 피해야 한다고 말한다.

주위가 산비탈로 둘러싸인 지형을 선상지라고 한다. 이곳은 시간이 흐르면 물의 흐름으로 인해 토사가 퇴적된다. 당장은 풍경이 아름답고 교통이 편리해 이러한 선상지에 집을 지으려는 사람들이 늘지만 절대로 해서는 안 된다. 깎아지른 듯한 산기슭에서는 산사태가 자주 일어나며 많은 인명을 앗아간다. 이런 이유로 이웃 일본의 고베 시에서는 마나토 천과 이쿠타 천에 의해 만들어진 선상지에 집을 짓지 못하게 하는 건축법을 따로 제정해 이를 규제하고 있다. 미래를 내다본 처사라 할 수 있다.

그러나 우린 어떤가. 일반 풍수 문외한이 보아도 집이 들어서서는 안 될 곳에 버젓이 집들이 들어서고 있다. 우리나라도 그린벨트니 하는 것으로 건축규제를 강화한다고 하는데도 말이다. 당장 눈앞의 이익만을 보고 저지른 일들은 꼭 화로 돌아오게 돼 있다. 화근을 만들어서는 안 된다.

〈양택사례〉_산허리를 자르고 올라앉은 집들

전망 좋은 곳에 살겠다고 버젓이 예쁜 산의 허리를 싹둑 잘라서는 그 위에다가 각종 꾸밈새로 단장한 집들을 얹어 놓는다.

이를 두고 전원주택이니 주말주택이니 그럴 듯하게 이름붙이지만 이는 '자연훼손'의 다른 표현이다. 그 집은 말하자면 환경범죄자의 집이라는 얘기이다.

산을 잘라 그 자리에 지은 이런 집들은 그 가족 중에 누군가 졸지에 큰 사고를 당하게 돼 있다. 매년 정기검사를 받아왔음에도 불구하고 예상치도 못한 큰 병을 덜커덕 얻게 되는 경우를 겪게 돼 있다.

〈양택사례〉_고가도로 타고 떠난 재운

장사가 잘 된다던 집이 요즘 울상을 짓는다. 집 바로 앞으로 고가도로가 나면서 지나는 차량이 부쩍 줄었고 이러니 손님이 줄어들 수밖에 없지 않느냐고 하소연을 하며 눈물을 흘리고 있질 않은가.

그래서 이 자리에서 몇 년 동안 음식 장사를 했느냐 물으니 족히 30년은 됐다 했다. 30년 동안 꼭 이 자리에서 머물렀느냐고 다시 물으니 그 전엔 옆 다른 곳에 약 20년 하다가 이곳으로 옮겨온 지 10년 남짓 되었다고 했다. 장사는 언제가 잘 됐냐고 물으니 옮겨와서 훨씬 잘 됐다며 이러니 더 약이 오른다는 것이었다. 저 도로만 안 나더라도 좀 더 돈을 모을 텐데 하면서. 다시, 이 주변엔 비슷한 음식점이 많던데 그 집들은 이 집처럼 장사가 잘 됐느냐고 물으니 이내 고개를 저으며 자기네 집이 잘 됐었다고 했다. 비교가 안 될 만큼 손님이 들끓었다고 한다. 그래서 더 화가 난다고 했다. 저 도로 때문에 하며 원망의 눈초리로 위를 치켜 올려다본다. 옮겨 오기 전보다 음식이 맛있어졌냐고 물으니 똑같은 재료에 같은 주방장이니 별 다를 게 없다고 했다. 근데 어떻게 장사가 별안간 잘 되었는지 아느냐고 물으니 고개를 다시 저으며 알 수 없다고 했다. 더 친절해졌느냐고 물으니 주인도 같고 일꾼도 같은데 달라질 게 없다고 했다.

식당 뒷산을 올려다보니 부봉사가 셋이나 이 집을 내려다보고 있었다. 부봉사는 재물을 관장하는 산이지 않은가. 주차장 마당에서 좌측을 훑어보니 우백호가 아주 예쁘게 식당을 휘감고 있었다. 우백호 역시 재물과 여자를 관장한다. 그런데 식당 바로 위로 큰 도로가 나면서 이 기운을 앗아가고 있었다. 이 집터의 기운이 다한 것이다.

문득 옛사람의 말씀이 떠오른다.

"천지 사이의 물건들은 각각 주인이 있으리니, 진실로 나의 소유가 아니면 비록 털끝만큼도 취하지 말 것이로되, 오직 강 위의 맑은 바람만은 귀로 한껏 얻어듣고, 산 사이의 밝은 달만은 눈으로 취해 맘껏 가져도 금함이 없으니 이를 아무리 가져다 써도 다하지 않을 것이요, 이는 만물을 만드신 분의 다함이 없는 곳집이요, 나와 그대가 이 바람과 저 달을 한껏 맘껏 즐기기만 하면 될 것 아니겠나."

이 말을 들려주려다가 식당 주인아줌마가 화를 삭이지 못하고 있기에 그만두었다.

〈양택사례〉_부봉에 토체에 양수겸장

아파트와 성당 사이에 끼어 있듯 숨겨져 있고 도로에서 봐도 눈에 뜨이지도 않는 곳인데도 손님이 바글댄다고 한다. 나무숲으로 가려져 있어 일반 식당으론 적합하지 않은 터이거늘 장사가 잘 된다고 한다. 고급 한식당에다가 고위 공무원이나 장군들, 그리고 정치인들이 주손님이라고 한다. 아직 평일 초저녁인데 검정색 대형 승용차들이 줄을 서서 들어가고 있다.

집터는 풍수에 전혀 어긋남이 없이 그대로 맞아떨어졌다. 뒷산은 부봉이 앉았고 도로 건너 적당한 거리의 앞산은 토체가 앉았다. 돈을 벌 자리(부봉)인데다가 손님은 주로 관리(토체)들임을 알려주는 대목이 아닌가.

주택가에 있으면서도 숨겨져 있고 숨겨져 있는 듯하지만 감춰지지 않은 자리는 관리들이 선호하는 자리인데 이런 자리를 어떻게 적절하게 풍수에 맞춰 잡았을까. 좋은 터는 인품과 덕을 갖춘 착한 이의 것이라 했거늘 … 이런 터를 보면 아무리 풍수전문가라 해도 인간적인 감정이 먼저 앞선다. 그러나 땅은 인간의 감정과는 무관하게 자연의 이치대로 제 풍수대로 묵묵히 가고 있을 뿐이니 이 또한 풍수지리의 오묘함에 머리가 절로 숙여진다. 땅은 인간이 어쩌질 못하는 것이니.

〈양택사례〉_뒷마당 좁은 전원주택

요즘은 차를 몰고 달리다보면 강변이나 냇가에 서구적으로 꽤나 예쁘게 지은 별장 같은 집들이 많다. 대체로 겉으론 깨끗하고 예뻐 보이나 양택지로서는 부적절한 경우가 허다하다.

뒤로 마당이 좁기 때문에 마치 가슴을 앞으로 내밀며 벌어져 있는 듯한 형상으로 가족 중 꼭 교통사고 등 우환이 따르기 때문이다. 또한 집이 낮게 있어 남의 눈에 잘 띄기도 하여 별로 좋지 않은 집터이다.

이 집 주인은 아마도 처음에 이렇게 상상했을 것이다.

"우리가 이제 별장 같은 데서 사네! 앞의 시내는 우리 집 마당이니 선녀인양 물장난을 치다 들어올 수 있고, 안방 창에선 밖의 풍경이 다 보이니 세상이 온통 내 것인 양 하고 애들 뛰어놀기 좋은 놀이터 같은 집이네."

집은 대지와 모양이 주변과 잘 어우러져야 한다. 그러나 이런 집들은 집만 유난히 눈에 띌 뿐 주변과 조화를 이루지 못하고 있다. 비가 오면 물이 넘쳐 집으로 넘어오는 건 아닐까 걱정하고 비가 없어도 고인 물에서 냄새가 나고 벌레가 끼니, 이래도 저래도 늘 불안이다. 처음 집에 이사 갈 때의 느낌을 오래 갖고 살기가 힘들다. 이러니 집을 고를 때는 오래 살 수 있는 곳인가를 먼저 따져야 한다. 당장 보기 좋다 하여 덥석 이사를 결정하면 얼마 안 가서 후회하게 된다.

〈양택사례〉_잘되는 가게

장사가 잘 되는 집들은 공통점이 있다. 위 그림처럼 정면으로 부봉이 있고 오른쪽으로는 우백호가 감싸고 있는 것이다.

장사가 잘 되는 식당에는 손님이 많이 들지만 또한 그 주변으로 다른 건물이나 식당들도 들어서기 마련이다. 간판들마다 서로들 원조라 한다. 이웃 일본이나 유럽에는 이러한 원조 뒤집기 내지 원조 사칭은 거의 없다고 한다. 오히려 존중해주는 게 상도덕이요 미덕으로 알고 있다. 풍수에서는 이런 아류나 거짓이 걸러진다. 풍수는 정확하고 냉정하다. 단지 사람만이 정확히 분간하지 못할 뿐이다.

〈양택사례〉_잘되는 가게 근처

도로에서 떨어진 안쪽의 만두집이 장사가 잘 된다. 그걸 보고 다른 누군가가 도로변이 더 좋은 자리라 여기고 만두집을 새로 차렸다. 그러나 도로변의 가게는 손님이 뜸하다. 우백호의 바깥에 터를 잡았기 때문이다. 재물을 모아주는 우백호의 영향을 받지 못해서다.

장사가 잘 되는 가게와 이웃하긴 했지만 간발의 차이로 교회는 골에 쓴 터가 되고 말았다. 신도가 늘지 않는다.

부록

청오경 원문

일러두기

청오경은 풍수지리학 최초의 글이라 한번쯤 읽어둘 필요가 있다. 경의 원문과 양균송의 주석을 같이 게재한다.

청오경은 4언 운문 형식으로, 완벽하지는 않지만 각운이 있어 소리 내어 읽는 맛이 있다. 독자를 위해 원문의 행을 나누어 앞에는 번호를 붙이고 뒤에는 음을 달았으며 끊어 읽어야 할 곳에는 ; 표시를 해 두었다.

원문은 이른바 「전내각판본前內閣版本」을 기초로 작성하였다. 여기엔 가야초자伽倻樵子 금고자琴高子라는 사람이 도우 임학군林鶴君으로부터 청오경을 받아 숭정갑신崇禎甲申(1644)에 펴냈다는 서문이 있다.

그 외에도 몇몇 필사본과 근간에 출판된 서적 및 한국 중국의 인터넷을 통해 얻은 원문들을 교감校勘하였다. 거기에 나타난 터무니없는 오자들은 모두 버리고, 혼용 또는 오용의 여지가 있다고 판단되는 글자들을 음독 뒤의 괄호 속에 표시하였다.

해석은 싣지 않았다. 여러 학자들이 낸 책, 또는 인터넷을 이용하시되 앞서 말한 괄호 속 글자들과 끊어 읽기 표시(;)를 주의하시기 바란다.

예컨대 34행의 누복累福은 그 아래 양균송 주석에 "곽박이 (금낭경에서) 귀복鬼福이라 적었는데 귀鬼 자는 오류"라고 했지만 금나라 승상 올흠축兀欽仄 주석본엔 귀신鬼神이라 적혀 있다. 累-鬼와 福-神이 서로 비슷해서 생긴 골치 아픈 문제다.

또한 34행과 35행은 중간에 주석이 있어 별개의 문장처럼 느껴지지만 둘 다 '감응'을 말한 것으로 짝이 되는 문장이므로 붙여서 해석해야 한다고 생각한다.

靑烏經 (靑烏先生葬經 楊筠松 註)

先生、漢時人也、精地理陰陽之術、而史失其名。晉郭璞葬書、引經曰爲讚者、卽此書也。先生之書、簡而嚴、約而當、誠後世陰陽家書之祖也。

1 **盤古渾淪 氣萌大朴** 반고혼륜 기맹대박 (朴·樸)

2 **分陰分陽 爲淸爲濁** 분음분양 위청위탁;

3 **生老病死 誰實主之** 생로병사 수실주지;

4 **無其始也 無有議焉** 무기시야 무유의언

5 **不能無也 吉凶形焉** 불능무야 길흉형언;

謂太始之世、無陰陽之說、則亦無禍福之可議、及其有也、吉凶感應、如影隨形、亦不可得而逃也。

6 **曷如其無 何惡其有** 갈여기무 하오기유

言後世泥陰陽之學、曷如上古無之爲愈。旣不能無焉、則亦何惡之有。

7 **藏於杳冥 實關休咎** 장어묘명 실관휴구;

8 **以言諭人 似若非是** 이언유인 사약비시

9 **其於末也 一無外此** 기어말야 일무외차;

以地理禍福諭人、似若譎詐欺罔、及其終之效驗、無毫髮之少差焉。

10 **其若可忽 何假於予** 기약가홀 하가어여

11 **辭之疣矣 理無越斯** 사지우의 이무월사;

萬一陰陽之學可忽、則又何取於予之言也。然予之辭若贅疣、理則無越於此。

12 **山川融結 峙流不絕** 산천융결 치류부절

13 **雙眸若無 烏乎其別** 쌍모약무 오호기별;

14 **福厚之地 雍容不迫** 복후지지 옹용불박

15 **四合周顧 辨其主客** 사합주고 변기주객;

雍容不迫、言氣象之寬大。四合周顧、言左右前後無空缺。

16 **山欲其迎 水欲其澄** 산욕기영 수욕기징;

山本靜而欲其動、水本動而欲其靜也。

17 **山來水回 逼貴豐財** 산래수회 핍귀풍재

18 **山囚水流 虜王滅侯** 산수수류 노왕멸후;

逼貴者、言貴來之速也。郭璞引經言壽貴而財、字雖少異、而意則稍同。

19 **山頓水曲 子孫千億** 산돈수곡 자손천억

20 **山走水直 從人寄食** 산주수직 종인기식;

21 **水過西東 財寶無窮** 수과서동 재보무궁

22 **三橫四直 官職彌崇** 삼횡사직 관직미숭;

23 **九曲委蛇 準擬沙堤** 구곡위사 준의사제

24 **重重交鎖 極品官資** 중중교쇄 극품관자;

25 **氣乘風散 脈遇水止** 기승풍산 맥우수지 (遇·過)

26 **藏隱蜿蜒 富貴之地** 장은완연 부귀지지;

璞云界水則止、意則一也。

27 **不蓄之穴 是謂腐骨** 불축지혈 시위부골

28 **不及之穴 生人絕滅** 불급지혈 생인절멸;

29 **騰漏之穴 翻棺敗槨** 등루지혈 번관패곽

30 **背囚之穴 寒水滴瀝** 배수지혈 한수적력; (水·泉)

31 **其爲可畏 可不慎哉** 기위가외 가불신재; (哉·乎)

不蓄者、言山之無包藏也。不及者、言山之無朝對也。騰漏者、言其空缺。背囚者、言其幽陰。此等之穴、不可葬也。

32 **百年幻化 離形歸真** 백년환화 이형귀진

33 **精神入門 骨骸返根** 정신입문 골해반근;

34 **吉氣感應 累福及人** 길기감응 누복급인 (累福·鬼神)

累者、多也。言受多福。郭璞以爲鬼福、鬼字誤也。

35 **東山吐焰 西山起雲** 동산토염 서산기운;

36 穴吉而溫 富貴延綿 혈길이온 부귀연면

37 其或反是 子孫孤貧 기혹반시 자손고빈;

西山雲氣之融結者、以東山烟緂之奔衝然也。生人富貴之長久者、以亡魂穴吉蔭注然也。苟不得其地、則子孫陵替、必至於孤獨貧賤而後已。

38 童斷與石 過獨逼側 동단여석 과독핍측

39 能生新凶 能消已福 능생신흉 능소이복;

不生草木爲童。崩陷坑塹爲斷。童山則無衣。斷山則無氣。石山則土不滋。過山則勢不住。獨則無雌雄。逼則無明堂。側則斜欹而不正。郭璞引經、戒此五者、亦節文也。

40 貴氣相資 本源不脫 귀기상자 본원불탈

41 前後區衛 有主有客 전후구위 유주유객;

本原不脫(者)、以氣脈之相連相接也。有主有客者、以區穴之前後有衛護也。

42 水行不流 外狹內闊 수행불류 외협내활;

43 大地平洋 杳茫莫測 대지평양 묘망막측

44 沼沚池湖 真龍憩息 소지지호 진룡게식;

45 情當內求 愼莫外覓 정당내구 신막외멱

46 形勢彎趨 享用五福 형세만추 향용오복;

凡平洋大地、無左右龍虎者、但遇池湖、便可遷穴、以池湖爲明堂、則水行不流、而生人享福也。

47 勢止形昂 前澗後岡 位至侯王 세지형앙 전간후강 위지후왕;

48 形止勢縮 前案回曲 金穀碧玉 형지세축 전안회곡 금곡벽옥;

勢止、龍之住也。形昂、氣之盛也。前則遇水而止、後則支壟而連、如此之地、可致貴也。形止勢縮、氣象之局促也。前案回曲、賓主之淺近也。如此之地、可致富也、貴未聞也。

49 山隨水著 迢迢來路 산수수저 초초래로

50 挹而注之 穴須回顧 읍이주지 혈수회고;

此、山谷、回龍龍顧祖之地也。

51 天光下臨 百川同歸 천광하림 백천동귀

52 眞龍所迫 孰云玄微 진룡소박 숙운현미; (迫·泊/云·辨)

此、近江、迎接潮水之地也。

53 雞鳴犬吠 鬧市烟村 계명견폐 요시연촌 (또는 蝦蟆老蚌 市井人煙)

54 隆隆隱隱 孰探其原 융융은은 숙탐기원; (原·源)

此、鄉井、平洋氣脈之地也。

55 若乃 약내;

56 斷而復續 去而復留 단이부속 거이부류

57 奇形異相 千金難求 기형이상 천금난구;

58 折藕貫珠 真氣落莫 절우관주 진기낙막 (氣·機)

59 臨穴坦然 誠難捫摸 임혈탄연 성난문모; (誠·形/模·度)

60 障空補缺 天造地設 장공보결 천조지설

61 留與至人 先賢難說 유여지인 선현난설;

夫貴賤異路、貧富兩塗、地之善邪。然而貴之地常少、而爲富之地常多、何耶。愚以爲、富地、利害輕、人得而識之、故常多、貴地、所係大造物、不令人識之、故常少。言衆人之所不喜者、則爲大貴之地。此、奇形異相、所以千金難求也。

62 草木鬱茂 吉氣相隨 초목울무 길기상수

63 內外表裏 或然或爲 내외표리 혹연혹위;

左右安對、或自然而成、或人力而爲之。

64 三岡全氣 八方會勢 삼강전기 팔방회세

65 前遮後擁 諸祥畢至 전차후옹 제상필지;

66 地貴平夷 土貴有支 지귀평이 토귀유지

67 穴取安止 水取迢遞 혈취안지 수취초체;

氣全則龍脈不脫、勢會則山水有情、前遮則有客、後擁則有主、安止則穴法無攲險、迢遞則水來有源流。

68 向定陰陽 切莫乖戾 향정음양 절막괴려

69 差以毫釐 繆以千里 차이호리 무이천리; (繆·謬)

陰陽者、當以左右取之、穴左爲陽、穴右爲陰、左穴以陽向、右穴以陰向、不可差也。

70 擇術盡善 封都立縣 택술진선 봉도입현 (封·建)

71 一或非宜 法主貧賤 일혹비의 법주빈천; (法·立)

72 公侯之地 龍馬騰起 공후지지 용마등기

73 面對玉圭 小而首銳 면대옥규 소이수예;

74 更遇本方 不學而至 갱우본방 불학이지;

75 宰相之地 繡繳伊邇 재상지지 수격이이

76 大水洋潮 無上之貴 대수양조 무상지귀; (上·極)

77 外臺之地 捍門高峙 외대지지 한문고치

78 屯踏排迎 周圍數里 둔답배영 주위수리; (圍·回)

79 筆大橫椽 是名判死 필대횡연 시명판사 (是名判死·足判生死)

80 此昂彼低 誠難推擬 차앙피저 성난추의;

本方者、以馬要在南方爲得地、圭笏山要在東方爲正位、有繡繳山主出宰執五府之貴、捍門旗山取其聳拔、屯軍踏絶排衙迎從、貴其周遮、右畔有山在低處橫列、則爲判死筆。須是穴法眞正、昂然獨尊、不然則暗刀屍山、故曰誠難推擬。

81 官貴之地 文筆插耳 관귀지지 문필삽이

82 魚袋雙聯 庚金之位 어대쌍련 경금지위 (聯·連)

83 南火東木 北水鄙伎 남화동목 북수비기; (伎·技)

兩圓峯相連、是爲魚袋。西方出則爲金魚袋、主官貴。南方出、爲火魚、主醫家。東方出、爲木魚、主僧道。北方出、爲水魚、主漁人。

84 地有佳氣 隨土所起 지유가기 수토소기 (所·而)

85 山有吉氣 因方所主 산유길기 인방소주; (主·止)

86 文筆之地 筆尖而細 문필지지 필첨이세 (文筆·文士)

87 諸福不隨 虛馳材譽 제복불수 허치재예; (福·水/材·才)

文筆山主聰俊、若無吉山夾從、不成名。

88 大富之地 圓峰金櫃 대부지지 원봉금궤

89 貝寶沓來 如川之至 패보답래 여천지지;

90 貧賤之地 亂如散蟻 빈천지지 난여산의

91 達人大觀 如視諸指 달인대관 여시제지;

92 幽陰之宮 神靈所主 유음지궁 신령소주

93 葬不斬草 名曰盜葬 장불참초 명왈도장;

斬草者、言當酌酒告於地祇。

94 莫近古墳 殃及兒孫 막근고분 앙급아손 (莫·葬/近·及/古·祖/兒·子)

95 一墳榮盛 一墳孤貧 일분영성 일분고빈; (뒷구절 一·十)

96 穴吉葬凶 與棄屍同 혈길장흉 여기시동

穴雖吉、而葬不得其年月、亦凶。

97 陰陽符合 天地交通 음양부합 천지교통;

98 內氣萌生 外氣成形 내기맹생 외기성형

99 內外相乘 風水自成 내외상승 풍수자성;

內氣者、言穴煖而萬物萌生也。外氣者、言山川融結而成形象也。

100 察以眼界 會以性情 찰이안계 회이성정

101 若能悟此 天下橫行 약능오차 천하횡행;

察以眼界者、形之於外、人皆可觀之。至於會以性情、非上智之士、莫能也。

(靑烏先生葬經 終)